城镇供水行业职业技能培训教材

供水管道工

浙江省城市水业协会
浙江省产品与工程标准化协会　组织编写

中国建筑工业出版社

图书在版编目（CIP）数据

供水管道工 / 浙江省城市水业协会，浙江省产品与
工程标准化协会组织编写. — 北京：中国建筑工业出版
社，2021.12
城镇供水行业职业技能培训教材
ISBN 978-7-112-26843-6

Ⅰ. ①供… Ⅱ. ①浙… ②浙… Ⅲ. ①给水管道－给
水工程－技术培训－教材 Ⅳ. ①TU991.33

中国版本图书馆 CIP 数据核字（2021）第 245409 号

　　本书是根据《城镇供水行业职业技能标准》CJJ/T 225—2016，结合供水行业
的特点，理论联系实际，由长期从事专业人员集体编写而成。

　　全书共分九章，包括专业理论知识、作图基础知识、安全生产知识、施工准
备、管材管件、管道施工、管道工程竣工验收、质量管理、市政公用工程施工招
标投标管理程序等方面的内容。本书系统介绍了与供水管道工工作相关的基本理
论、概念及生产组织管理、新技术发展应用等内容，结合行业实际对基本操作技
能、设备类型的特点与操作、巡检、维护要求进行了阐述，对供水管道工的工作
具有指导意义。

　　本书可作为供水行业职工的岗前培训、职业技能素质提高培训使用，也可作
为职业技能鉴定的参考教材使用。

责任编辑：李　慧
责任校对：王誉欣

城镇供水行业职业技能培训教材
供 水 管 道 工
浙 江 省 城 市 水 业 协 会
浙 江 省 产 品 与 工 程 标 准 化 协 会　　组织编写

*

中国建筑工业出版社出版、发行（北京海淀三里河路 9 号）
各地新华书店、建筑书店经销
北京红光制版公司制版
北京同文印刷有限责任公司印刷

*

开本：787 毫米×1092 毫米　1/16　印张：11　字数：273 千字
2021 年 12 月第一版　　2021 年 12 月第一次印刷
定价：**49.00** 元
ISBN 978-7-112-26843-6
（38706）

《城镇供水行业职业技能培训教材》编写委员会

主　　任：赵志仁
副 主 任：柳成荫　徐丽东　程　卫　刘兴旺
委　　员：方　强　卢汉清　朱鹏利　郑昌育　查人光
　　　　　代　荣　陈爱朝　陈　柳　邓铭庭
参编单位：杭州市水务集团有限公司
　　　　　宁波市供排水集团有限公司
　　　　　温州市自来水有限公司
　　　　　嘉兴市水务投资集团有限公司
　　　　　湖州市水务集团有限公司
　　　　　绍兴市公用事业集团有限公司
　　　　　绍兴柯桥水务集团有限公司
　　　　　金华市水务集团有限公司
　　　　　浙江衢州水业集团有限公司
　　　　　舟山市自来水有限公司
　　　　　台州自来水有限公司
　　　　　丽水市供排水有限公司
　　　　　浙江省长三角标准技术研究院

本书编委会

主　　编：周　俭
副 主 编：冯梁峰　胡晓峰　金汉峰
参　　编：（按姓氏笔画排序）
　　　　　丁卫松　干春奎　王培永　冯梁峰　成　闽　严国海
　　　　　杨立峰　张卫峰　金汉峰　胡晓峰　袁　舟　夏新芳
　　　　　葛青峰　詹小勇　缪红良

序

为贯彻落实《中共中央 国务院关于印发〈新时期产业工人队伍建设改革方案〉的通知》和中央城市工作会议精神，健全住房城乡建设行业职业技能培训体系，全面提高住房城乡建设行业一线从业人员的素质和技能水平，根据《住房城乡建设部办公厅关于印发住房城乡建设行业职业工种目录的通知》（建办人〔2017〕76号）和《城镇供水行业职业技能标准》CJJ/T 225—2016要求，结合供水行业的特点，浙江省城市水业协会和浙江省产品与工程标准化协会组织编写了《城镇供水行业职业技能培训教材》。

本套教材共9册，分别为《水质检验工》《供水管道工》《供水泵站运行工》《供水营销员》《供水稽查员》《供水客户服务员》《供水调度工》《自来水生产工》《机电设备维修工》。

本套教材结合供水行业的特点，理论联系实际，系统阐述了城镇供水行业从业人员应掌握的安全生产知识、理论知识和操作技能等内容。内容简明扼要，定义明确，逻辑清晰，图文并茂，文字通俗易懂，对提升城镇供水行业从业人员职业技能素质具有重要意义。

本套教材编写过程中参考了有关作者的著作，在此表示深深的谢意。

本套教材内容的不足之处在所难免，希望读者批评、指正。

浙江省城市水业协会

浙江省产品与工程标准化协会

前　言

现代供水企业对从业人员提出了更高的要求：不仅要具备基本的岗位能力，还要具备学习新技能、新工艺的能力，提升自身的职业能力。为了适应社会和行业发展对技能型人才的要求，我们根据《城镇供水行业职业技能标准》CJJ/T 225—2016 中"供水管道工职业技能"的要求，结合供水行业的特点，编写了《供水管道工》培训教材。本书共分 9 章，理论结合实际，从专业理论知识、作图基础知识、安全生产知识、施工准备、管件管材、管道施工、管道工程竣工验收、质量管理、市政公用工程施工招标投标管理程序介绍了供水管道工应该具备的岗位知识和技能。

本书由绍兴柯桥水务集团有限公司组织编写，周俭担任主编，其中专业理论知识由王培永、丁卫松、葛青峰编写。作图基础知识由袁舟、严国海编写。安全生产知识由金汉峰编写。施工准备由干春奎编写。管材管件由冯梁峰、杨立峰编写。管道施工由夏新芳编写。管道工程竣工验收由胡晓峰编写。质量管理由詹小勇、张卫峰、成闽编写。市政公用工程施工招标投标管理程序由金汉峰、缪红良编写。

本书的内容有不足之处，希望各位读者批评、指正。

目　　录

第一篇　理　论　知　识

第二篇　管　道　工　程

第三篇 管理概述

第一篇 理论知识

一、专业理论知识

（一）水力学基础知识

1. 水静力学

水静力学是研究水在静止状态下的力学规律，以及这些规律在工程上的应用。通常如果液体相对贮存设备及液体与液体之间没有相对运动，我们就称其为静止液体。

液体的静止状态有两种：一是指液体相对地球处于静止状态。液体与液体之间没有相对运动，如蓄水池中的水；二是指液体对地球有相对运动，但液体与贮存设备之间没有相对运动，如作匀速运动的油罐车中的油。由于静止状态的液体质点间无相对运动，黏滞性表现不出来，故而内摩擦力为零，表面力只有压力。

（1）静水压强

静止液体对其约束边界的壁面有压力作用，如蓄水池中的水对池壁及池底都有水压力的作用。我们把静止的液体作用在其约束边界表面上的压力称为静水压力。

两者之间的关系为：

$$\rho = P/A \tag{1-1}$$

式中　　ρ——平均静水压强，N/m^2或 Pa；

$\quad\quad P$——总静水压力，N；

$\quad\quad A$——受压面积，m^2。

（2）静水压强的特性

1）静水压强的方向垂直于作用面，并指向作用面。

2）静水中任意一点上各方向的静水压强大小均相等，或者说其大小与作用面的方位无关。

（3）静水压强的分布规律

如图 1-1 所示，在盛满水的容器上开三个高度不同的小孔，越靠近下部的水流射程越远。这说明水对于容器不同深度处的压强不一样，随深度的增加，压强也随之增大。同样可以看到，同一高度处的小孔，水流的射程相同，这表明同一深度的静水压强相等。

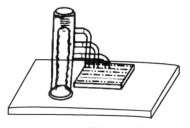

图 1-1　静水压示意

2. 水动力学

（1）基本概念

1）压力流和无压流

当液体流动时，流体整个周界和固体壁面相接触，没有自由表面，并对接触壁面均具有压力，这种流动称

为压力流。例如：给水管道一般都是压力
流。其特点是流体充满整个管道，当管道
顶部安装测压管时，测压管的水面就会升
高，如图 1-2 所示。当液体流动时，液体
的部分周界和固体壁面相接触，而部分周
界与大气相接触，并具有自由表面，这种
流动称为无压流。由于无压流是借助于自
身重力作用而产生的流动，所以又称为重
力流。例如各种排水管渠一般都是无压流。

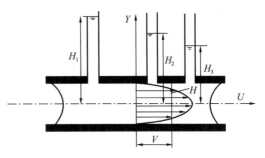

图 1-2 压力流示意

2）恒定流和非恒定流

当液体流动时，对于任意空间点，在不同时刻所通过的液流质点的流速、压强等运动
要素不变的流动称为恒定流。反之，当液体流动时，对于任意空间点，在不同时刻所通过
的流质点的流速、压强等运动要素是变化的，这种流动称为非恒定流。

如图 1-3 所示，当水从水箱侧孔流出，如果保持液面恒定不变，则小孔出流为恒定
流。反之，若液面随之下降，则小孔出流为非恒定流。通过小孔的流质点的流速和压强随
时间的变化而逐渐减小。

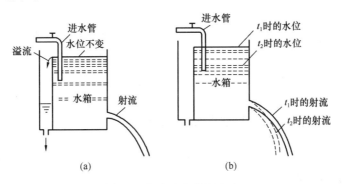

图 1-3 恒定流与非恒定流
（a）恒定流；（b）非恒定流

（2）过流断面、流量、断面平均流速

与液体流动方向垂直的液体横断面积称为过流断面（图 1-4）。过流断面面积用符号 A
表示，单位为"m^2"或"cm^2"。

水流在单位时间内通过某过流断面的
体积称为流量，以符号 Q 表示，单位为
"m^3/s"或"L/s"。

在实际工程当中，通常引用断面平均
流速的概念。这是一种理想化的概念，它
假设各水流断面上，各水流质点以相同的

图 1-4 过流断面

某一流速流动，使通过的流量与实际通过的流量相当，则此流速就称为此断面平均流速。

以上三者关系为：

$$Q = vA \tag{1-2}$$

式中　Q——流量，m^3/s 或 L/s；

　　　v——断面平均流速，m/s；

　　　A——过流断面面积，m^2 或 cm^2。

（3）水头损失、沿程水头损失和局部水头损失

水头损失是指单位重量的液体从一个位置（过流断面）流到另一个位置的过程当中，由于克服各种阻力而消耗了能量，从而造成的总水头的减小。以符号 h_w 表示，单位为"m"。

液体在流动过程中，当通过各直管段时，液体与管道内表面间，流速大小不同的相邻流层之间，由于存在相对运动而产生摩擦阻力，这种摩擦阻力引起的能耗，称为沿程水头损失，以符号 h_r 表示。沿程水头损失存在于流动的全过程，其大小与流程长度有关。

根据有关理论和实验分析，沿程水头损失的计算公式为：

$$h_r = \lambda(L/d)(v^2/2g) \tag{1-3}$$

式中　h_r——管段的沿程水头损失，m；

　　　L——管段长度，m；

　　　d——管段直径，m；

　　　v——断面的平均流速，m/s；

　　　λ——沿程阻力系数。

当水流流经管路系统中的阀门、弯头、渐缩管等管道配件时，由于边界条件突然发生变化，液体流速也相应发生突然变化，并伴随产生局部涡流及质点间的相互碰撞，从而消耗自身能量，这种类型的水头损失称为局部水头损失，以符号 h_j 表示。显然，局部水头损失是集中在小范围内产生的，与流程长短无关，而与管配件的种类和构造形式密切相关。

根据有关理论和实验分析，局部水头损失的计算公式为：

$$h_j = \varepsilon(v^2/2g) \tag{1-4}$$

式中　h_j——管段的局部水头损失，m；

　　　v——断面的平均流速，m/s；

　　　ε——局部阻力系数。

（4）恒定流能量方程式

取某一恒定流段上，两个过流断面为研究对象，做能量守恒分析，得到下述公式：

$$Z_1 + P_1/r + v_1^2/2g = Z_2 + P_2/r + v_2^2/2g + h_w \tag{1-5}$$

式中：Z、P/r、$v^2/2g$ 分别为质点的位置水头、压强水头和流速水头。由公式（1-5）可知，流经两个断面的单位质量液体，两个断面水头之差即为断面间的水头损失。

$$(Z_1 + P_1/r + v_1^2/2g) - (Z_2 + P_2/r + v_2^2/2g) = h_w \tag{1-6}$$

（二）电、气焊基础知识

1. 电焊

（1）手工电弧焊

手工电弧焊是熔焊中最基本的一种焊接方法。它是利用电弧放电（俗称电弧燃烧）所

产生的热量，将焊条与焊件熔化形成熔池，冷凝后形成焊缝，从而获得牢固接头的焊接方法。

手工电弧焊焊接过程中，所产生的持续强烈放电现象叫电弧。电弧由阴极部分（在电焊条端）和阳极部分（在焊件端）和弧柱部分组成，它一方面产生高温（弧柱中心温度可达 6000℃ 左右），另一方面放出电弧光。手工电弧焊焊接过程如图 1-5 所示。

产生焊接电弧的操作叫引弧，常用引弧方法有两种：接触引弧法（也叫打火引弧法）和擦火引弧法。

1）接触引弧法是让焊条与焊件接触形成短路，然后迅速地将焊条离开焊件表面 2～3mm，产生电弧。

2）擦火引弧法是将焊条像擦火柴一样擦过焊件表面，随即将焊条提到距焊件表面 2～3mm 的位置，产生电弧。

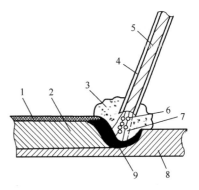

图 1-5 手工电弧焊焊接过程示意
1—熔渣；2—焊缝；3—保护气体；
4—药皮；5—焊芯；6—熔滴；
7—电弧；8—母材；9—熔池

（2）手工电弧焊的焊接设备

手工电弧焊使用的设备主要有交流电焊机、直流电焊机、焊接工具和用具。

1）交流电焊机：交流电焊机和一般的变压器相类似，通常又称为焊接变压器。交流电焊机由铁心、一次线圈、二次线圈、电抗器等几个主要部分组成。它结构简单、坚固耐用、体积小、维修使用方便。初级电压为 380V，空载电压为 60～80V，工作电压一般在 30V 左右。使用时，应根据焊接工作的需要选择电焊机。

2）直流电焊机：直流电焊机的工作原理与一般发电机的工作原理相似，其结构主要由机身、磁极、电枢、整流子、电刷、激磁线圈等组成。常用直流电焊机额定容量为 6kVA～16kVA，初级电压 380V，工作电压为 21～40V。

3）焊接工具和用具：进行手工电弧焊时，常用的工具有焊钳、面罩、钢丝刷和尖头锤等。焊钳是用来夹持焊条进行焊接的工具。面罩是用来保护眼睛和脸部免受弧光伤害的。钢丝刷和尖头锤则用于清理和除渣。

（3）电焊条的选用与保管

在手工电弧焊中，电焊条不仅是电极，起引燃电弧的作用，而且还是填充焊缝的金属，它对于焊接过程的稳定和焊缝机械性能的好坏，影响较大。

1）焊条的选用

焊条种类很多，各有其应用范围，选用是否恰当将直接影响焊接质量。一般情况下，施工设计已标明选用焊条牌号，按要求选用即可。但在不少施工场合下，未标明焊条牌号，要根据一定的原则选择焊条。如手工焊焊接低碳钢焊件，焊条选择主要是根据被焊低碳钢强度等级及焊接结构的工作条件。焊一般低碳钢结构选用 J422 焊条、J427 焊条，焊强度较高的低碳钢结构选用 J506 焊条、J507 焊条。

2）焊条的保管

焊条药皮受潮后，容易在焊缝中产生气孔等缺陷，所以必须注意焊条的保存。焊条购进后，必须分类、分牌号存放，焊条应存放在干燥而且通风良好的仓库内，焊条架必须离地、离墙 300mm 以上。

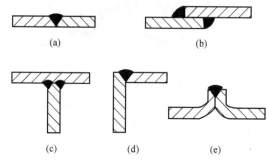

焊条在使用前应烘干。碱性低氢型焊条，烘焙温度一般采用 250～300℃，烘 1～2h。烘好的焊条应避免突然受冷，以免药皮裂开。酸性焊条如受潮，也应经温度 150℃、1～2h 的烘干。

（4）手工电弧焊的基本常识

手工电弧焊是熔焊中最基本的一种焊接方法。由于使用的设备简单，操作方便灵活，适应各种条件下的焊接，所以在各个生产部门广泛应用。特别是在管道安装工程中，几乎所有的电焊焊接都是用手工电弧焊完成的。手工电弧焊全凭手工操作，是实践性很强的操作技术。

1）焊接接头与焊缝形式

焊接接头是指焊件组合的形式，如图 1-6 所示，主要有对接、搭接、丁字接、角接和卷边接 5 种。这些接头的焊接形式种类繁多，管道工程中最常用的是对接，焊缝根据管厚不同采用不开坡口的 I 形焊缝、开坡口的 I 形焊缝、开坡口的 V 形焊缝和 X 形焊缝等。

开坡口是为了保证电弧能深入焊缝根部，使根部焊透，便于清除熔渣，获得较好的焊缝成形。而且坡口能起到调节基本金属和填充金属比例的作用。

图 1-6　焊接接头形式
（a）对接；（b）搭接；（c）丁字接；
（d）角接；（e）卷边接

焊缝除上述开坡口、不开坡口外，还可按焊接在空间位置的不同分为平焊缝、立焊缝、横焊缝及仰焊缝 4 种；按焊缝断续情况，可分为连续焊缝和断续焊缝。断续焊缝只适用于强度要求不高，以及不需要密闭的焊接结构。

2）焊接规范

手工电弧焊接规范的内容通常包括焊条牌号、焊条直径、电源种类、焊接电流、电弧电压、焊接速度和焊接层次等，而主要的规范参数是指焊条直径和焊接电流的大小。

焊条直径应根据焊件厚度、焊缝形式，以及焊缝在空间的位置决定。焊接电流的大小应根据焊件厚度、焊条直径正确地选择。焊条直径和电流强度的选择可参照表 1-1。

焊条直径和电流强度选择　　　　　　　　　　　　　　　表 1-1

焊件厚度及焊缝形式（mm）		焊条直径（mm）	电流强度（A）
1.5～2	I 形焊缝	2～3.2	40～60
3～4	I 形焊缝	3.2～4	70～120
5～6	V 形焊缝	3.2～4	100～130
7～10	V 形焊缝	3.2～4	100～150
12～16	V 形焊缝	4	180～220
18～20	V 形焊缝	4	180～220
20～25	V 形焊缝	4～5	200～250
30 以上	V 形焊缝	5～6	220～280
7～10	V 形焊缝	3.2～4	100～150

3）焊缝代号

焊缝在图纸上是用代号表示的，由基本符号、辅助符号，引出线和焊缝尺寸符号组成。

4）定位焊焊点尺寸（表1-2）

定位焊焊点尺寸表 表1-2

焊件厚度（mm）	高度（mm）	长度（mm）	间距（mm）
≤4	<4	5～10	50～100
4～12	3～6	5～20	100～200
>12	6	15～30	100～200

（5）对于钢管焊接质量上的要求

钢管在给水排水工程中使用比较广泛，现阶段在大口径中使用更多。对钢管焊接质量的要求如下。

1）管节的材料、规格、压力等级、加工质量应符合设计规定。

2）管节表面应无斑疤、裂纹、严重锈蚀等缺陷。

3）直焊缝卷管管节几何尺寸允许偏差应符合表1-3的规定。

直焊缝卷管管节几何尺寸允许偏差 表1-3

项目	允许偏差（mm）	
周长	$D \leqslant 600$	±2.0
	$D > 600$	±0.0035D
圆度	管端0.005D，其他部位0.01D	
端面垂直度	0.001D，且不大于1.5	
弧度	用弧长$\pi D/6$的弧形板量测于管内壁或外壁纵缝处形成的间隙，其间隙为$0.1t+2$，且不大于4。距管端200mm纵缝处的间隙不大于2	

注：1. D为管内径（mm），t为壁厚（mm）。

2. 圆度为同端管口相互垂直的最大直径与最小直径之差。

3. 该表出自现行国家标准《给水排水管道工程施工及验收规范》GB 50268 表4.2.1。

4）同一管节允许有两条纵缝，管径大于或等于600mm时，纵向焊缝的间距应大于300mm。管径小于600mm时，其间距应大于100mm。

① 管道安装前，管节应逐根测量、编号，宜选用管径相差最小的管节组对对接；

② 下管前应先检查管节的内外防腐层，合格后方可下管；

③ 管节组成管段下管时，管段的长度、吊距应根据管径、壁厚、外防腐层材料的种类及下管方法确定。

5）弯管起弯点至接口的距离不得小于管径，且不得小于100mm。

6）管节焊接采用的焊条应符合下列规定：

① 焊条的化学成分、机械强度应与母材相同且匹配，兼顾工作条件和工艺性；

② 焊条质量应符合现行国家标准《非合金钢及细晶粒钢焊条》GB/T 5117、《热强钢焊条》GB/T 5118 的规定；

③ 焊条应干燥。

7）管节组对焊接前应先修口、清根，管端端面的坡口角度、钝边、间隙应符合设计要求，设计无要求时应符合表1-4的规定。不得在对口间隙夹焊帮条或用加热法缩小间隙施焊。

电弧焊管端倒角各部尺寸   表1-4

修口形式		间隙 b (mm)	钝边 P (mm)	坡口角度 α (°)
图示	壁厚 t (mm)			
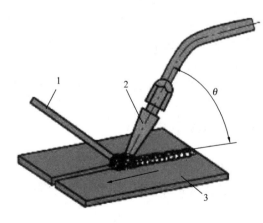	4～9	1.5～3.0	1.0～1.5	60～70
	10～26	2.0～4.0	1.0～2.0	60±5

注：该表出自现行国家标准《给水排水管道工程施工及验收规范》GB 50268 表5.3.7。

8）管道上开孔应符合下列规定：

① 不得在干管的纵向、环向焊缝处开孔；

② 管道上任何位置不得开方孔；

③ 不得在短节上或管件上开孔。

9）在寒冷或恶劣环境下焊接应符合下列规定：

① 清除管道上的冰、雪、霜等；

② 当工作环境的风力大于5级、雪天或相对湿度大于90%时，应采取保护措施施焊；

③ 焊接时，应使焊缝可自由伸缩，并应使焊口缓慢降温；

④ 冬期焊接时，应根据环境温度进行预热处理，并应符合表1-5的规定。

冬期焊接预热的规定   表1-5

钢号	环境温度 (℃)	预热宽度 (mm)	预热达到温度 (℃)
含碳量≤0.2%的碳素钢	≤−20	焊口每侧不小于40	100～150
0.2%<含碳量<0.3%的碳素钢	≤−10		
16Mn	≤0		100～200

2. 气焊

气焊是利用气体燃烧所产生的高温火焰来进行焊接的，如图1-7所示。火焰一方面把工件接头的表层金属熔化，另一方面把金属焊丝熔入接头的空隙中，形成金属熔池。当焊炬向前移动，熔池金属随即凝固成为焊缝，使工件的两部分牢固地连接成为一体。

气焊的温度比较低，热量分散，加热速度慢，生产效率低，焊件变形较严重。但火焰易控制，操作简单、灵活，气焊设备不用电源，便于某些工件的焊前预热。

图1-7 气焊

1—焊丝；2—焊嘴；3—工件

所以，气焊仍得到较广泛的应用，一般用于厚度在 3mm 以下的低碳钢薄板、管件的焊接，铜、铝等有色金属的焊接及铸铁件的焊接等。

（1）气焊用材料

1）氧气。氧气是一种无色、无味、无毒的气体。氧气在常温下为气态，当温度降到－183℃时为淡蓝色的液态，当温度降到－218℃时，会变成淡蓝色固态。氧气本身不能燃烧，但能助燃。

2）乙炔。乙炔又称电石气，是一种无色而有特殊臭味的碳氢化合物（C_2H_2）。它比空气轻，常温常压下为气态。人呼吸乙炔过久，能引起头晕，甚至中毒。乙炔能溶解在丙酮等许多液体中。

在气焊过程中，除了氧气和乙炔外，还需要化学成分基本上与焊件相符合的焊丝。

（2）气焊工具

气焊所用设备有乙炔气瓶与氧气瓶，工具有焊炬、割炬及辅助工具等。

1）乙炔气瓶：乙炔气瓶外形与一般气瓶相似，但瓶身漆以白色，并标红色"乙炔"字样。乙炔气瓶内部与其他气瓶不一样，瓶内填满了多孔性填料，如硅酸钙或活性炭等，并装一定量的乙炔溶剂（一般为丙酮）。乙炔气瓶的气容量是由填料的多孔率和钢瓶容积来决定的。一般 40L 的乙炔气瓶其气容量为 $4.5\sim6m^3$，折合质量为 $5\sim6kg$。

乙炔气瓶的工作压力是 1.5MPa，水压试验压力为 3MPa。

乙炔气瓶充装乙炔时，乙炔气被压入瓶内，溶解在浸满着丙酮的多孔性填料内，使乙炔稳定而安全地储存。使用时，溶解在丙酮中的乙炔分解出来，通过乙炔瓶阀流出。乙炔瓶阀是一个专门的控制装置，如图 1-8 所示。

阀体旁侧有连接减压器的侧接头，因此必须使用带夹环的乙炔减压器，如图 1-9 所示。

转动紧固螺栓，把减压器的连接管压紧在乙炔瓶阀的出气口上，就可使乙炔通过减压器供给工作场地使用。

2）氧气瓶：氧气瓶是一种储存和运输氧气的钢制圆柱形高压容器，其外表漆天蓝色，并有黑漆写成的"氧气"字样，瓶内氧气压力一般为 15MPa。

我国目前生产的氧气瓶常用的容积为 40L，在 15MPa 压力下，可储存 $6m^3$ 氧气，如图 1-10 所示。

氧气瓶口装有氧气瓶阀，用来控制瓶内氧气的进出。按瓶阀的构造不同，氧气瓶阀可分为活瓣式和隔膜式两种，目前国内主要采用活瓣式氧气瓶阀，如图 1-11 所示。

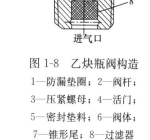

图 1-8 乙炔瓶阀构造

1—防漏垫圈；2—阀杆；
3—压紧螺母；4—活门；
5—密封垫料；6—阀体；
7—锥形尾；8—过滤器

图 1-9 乙炔减压器

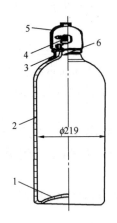

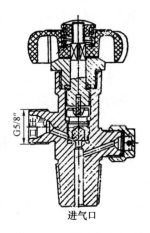

图 1-10　氧气瓶构造　　　　图 1-11　活瓣式氧气瓶阀
1—瓶底；2—瓶体；3—瓶箍；
4—氧气瓶阀；5—瓶帽；6—瓶头

使用时，逆时针方向旋转手轮，则开启氧气瓶阀，顺时针方向旋转手轮，则关闭。

氧气瓶内氧气压力最高达 15MPa，乙炔瓶内乙炔压力最高达 1.5MPa，均不能直接供气焊气割使用，必须通过减压器（又称压力调节器）减压，将氧气工作压力减至 0.1～0.4MPa、乙炔工作压力减到 0.15MPa 以内。同时通过减压器稳定气体工作压力，达到安全使用。减压器种类较多，按构造不同分为单级式和双级式两类，按工作原理不同可分为正作用式和反作用式。目前国内生产的减压器主要是单级反作用式和双级混合式两类。氧气瓶与乙炔瓶的使用必须严格遵守使用规程。一般情况下，气瓶应直立放置，离火源 10m 以外。夏天避免烈日曝晒，冬季阀门冻结时严禁火烤，应用热水解冻，乙炔气瓶表面温度不许超过 35～40℃。取装瓶帽及减压器时，禁止用铁器敲击。氧气瓶严禁沾污油脂，不允许戴有油脂的手套去搬运氧气瓶。使用氧气乙炔时，不能将瓶内气体用完，氧气瓶最后至少要剩 0.05MPa 压力的氧气，乙炔瓶最后应剩 0.06MPa 压力的乙炔，并将瓶阀关严防止漏气。

3）焊炬、割炬及辅助工具

① 焊炬：焊炬又称焊枪，它是气焊的主要工具，也可用于火焰加热。

② 割炬的作用是将乙炔和氧气按一定比例混合，并以一定的速度喷出燃烧，产生适合焊接要求并燃烧稳定的火焰。焊炬在使用时能方便地调节氧气和乙炔的比例，安全可靠。焊炬有射吸式和等压式两种，用得最多的是射吸式。射吸式焊炬结构原理如图 1-12 所示。当打开氧气阀，具有一定压力的氧气经氧气导管 7 进入喷嘴 4，并以高速喷入射吸管 3，使喷嘴周围空间形成真空。

打开乙炔阀 9 时，乙炔经管道 8 吸入射吸管，经混合管 2 充分混合后，由焊嘴 1 喷出，点燃而成火焰。

在这种割炬中，乙炔的流动主要是靠氧气的射吸作用，乙炔不论低压、中压均可使焊炬正常工作，所以应用较广泛。

使用割炬时，应检查焊嘴及气阀等处是否漏气、射吸式割炬的射吸能力是否足够。工作时，先开氧气阀，再开乙炔阀。停止工作时，先关闭乙炔阀，再关闭氧气阀，以防回火。

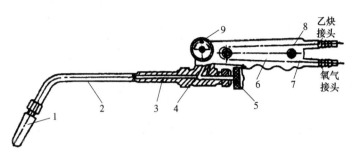

图 1-12 射吸式焊炬结构原理
1—焊嘴；2—混合气管；3—射吸管；4—喷嘴；5—氧气阀；
6—手柄；7—氧气导管；8—乙炔导管；9—乙炔阀

当发生回火时，应迅速关闭氧气阀，然后关闭乙炔阀。

③ 气焊辅助工具：气焊辅助工具有橡胶管、锥形通针、点火工具、扳手、钳子、小锤、锉刀、钢丝刷及劳动保护用品等。氧气胶管为红色，内径 8mm，能承压 1.5～2.0MPa。乙炔胶管为黑色或绿色，内径 10mm，承压低，其长度均为 30m。锥形通针用于清理焊嘴的熔渣。气焊工一定要穿戴好劳动保护用品，护目镜必须是有色的，焊接铜、铝有色金属时，必须戴口罩。

（3）气焊焊接的基本知识

气焊是利用可燃烧气体和氧气混合燃烧为热源，熔化焊件和焊丝而进行焊接的一种方法。

气焊火焰是由可燃气体（乙炔、氢气或石油气）与纯氧混合，进行化合燃烧产生的，氧气和乙炔按不同的混合比产生不同的火焰，调节氧气和乙炔的混合比，可以获得三种不同性质的火焰，即氧气：乙炔气＞1.2 的氧化焰，氧气：乙炔气＝1～1.2 的中性焰，氧气：乙炔气＜1 的碳化焰。

氧化焰的氧气与乙炔的体积比一般在 1.3～1.7 之间。焰心短而尖，呈青白色，外焰也较短，稍带紫色，用于焊接铜、锰钢、青钢等。

中性焰为正常焰，由焰心、内焰、外焰组成。一般碳钢、铝、铜、铅、锡的切割、焊接均用中性焰。用中性焰焊接低碳钢，熔池清晰，液体金属易流动，火花飞溅少，无沸腾现象。

碳化焰的氧气与乙炔体积比一般在 0.85～0.95 范围内。碳化焰焰心较长，呈蓝白色，没有明显轮廓。碳化焰也称还原焰，用它来焊接高碳钢、高速钢和硬质合金钢能使焊件增碳，增加脆性。有时还用它来对焊缝增碳，以提高焊缝的强度和硬度。

（4）气焊的基本操作技术

1）焊条和溶剂的选择：焊接低碳钢用的焊条选用 H08、H08A。焊条直径与焊件厚度有关，焊件厚度与焊丝直径的关系见表 1-6。

焊件厚度与焊丝直径的关系　　　　　　　　　　　　　　　　表 1-6

焊件厚度（mm）	1～2	2～3	3～5	5～10	10～15	＞15
焊条直径（mm）	1～2	2	2～3	3～5	4～6	6～8

2）火焰成分与火焰能率选择：火焰成分选择对焊缝质量关系很大，前面已经介绍。火焰能率的大小主要取决于氧—乙炔混合气体的流量。流量的粗调靠更换焊嘴，细调靠调节气体的开关阀。同时根据操作者实践经验，随时改变焊嘴与焊件的距离及其夹角，以达到增减热量、调节火焰能率的目的。焊嘴垂直于焊件，热量较为集中，焊件吸收热量大。夹角减小，焊件吸收热量下降。

气焊与电焊一样，焊缝有平焊、立焊、横焊和仰焊。焊接方法主要靠实践掌握，通过改变焊炬、焊丝的角度和运动方式，控制火焰能率使之均匀形成熔池，达到优质高产的目的。

（三）净水工艺

1. 混凝

（1）混凝概述

微粒变成絮粒并由小变大的物理化学反应过程就是混凝过程。混凝过程由投药、混合、絮凝几个阶段完成。

混凝效果的好坏，即生成的矾花是否结实粗大，对沉淀、过滤等后续处理影响很大。因此，应根据原水水质，选用好的凝聚剂和最佳投量，则是保证良好混凝效果的关键。

（2）混凝剂和助凝剂

1）混凝剂

为了促使水中胶体颗粒脱稳以及悬浮颗粒相互聚结，常常投加一些化学药剂，这些药剂统称为混凝剂。按照混凝剂在混凝过程中的不同作用可分为凝聚剂、絮凝剂和助凝剂。习惯上把凝聚剂、絮凝剂都称作混凝剂。

应用于饮用水处理的混凝剂应符合以下基本要求：混凝效果好，对人体无害，使用方便，货源充足，价格低廉。

混凝剂种类很多，有几百种，按化学成分可分为无机和有机两大类，按分子量大小又分为低分子无机盐混凝剂和高分子混凝剂。无机混凝剂品种很少，目前主要是铁盐和铝盐及其聚合物，在水处理中用得最多。有机混凝剂品种很多，主要是高分子物质，但在水处理中的应用比无机的少。

① 硫酸铝：硫酸铝有固、液两种形态，我国常用的是固态硫酸铝。固态硫酸铝产品有精制和粗制之分。精制硫酸铝为白色结晶体，相对密度约为 1.62，Al_2O_3 含量不小于 15％，不溶杂质含量不大于 0.5％，价格较贵。

② 聚合铝：聚合铝包括聚合氯化铝（PAC）和聚合硫酸铝（PAS）等。目前使用最多的是聚合氯化铝，我国也是研制聚合氯化铝较早的国家之一。

③ 三氯化铁：三氯化铁 $FeCl_3 \cdot 6H_2O$ 是黑褐色的有金属光泽的结晶体。固体三氯化铁溶于水后的化学变化和铝盐相似，水合铁离子 $Fe(H_2O)_6^{3+}$ 也进行水解、聚合反应。

④ 硫酸亚铁：硫酸亚铁 $FeSO_4 \cdot 7H_2O$ 固体产品是半透明绿色结晶体，俗称绿矾。硫酸亚铁在水中离解出的是二价铁离子 Fe^{2+}，水解产物只是单核配合物，不具有 Fe^{3+} 的优良混凝效果。同时，Fe^{2+} 会使处理后的水带色，特别是当 Fe^{2+} 与水中有色胶体作用后，将生成颜色更深的溶解物。所以，采用硫酸亚铁作混凝剂时，应将二价铁离子 Fe^{2+} 氧化

成三价铁离子 Fe^{3+}。

⑤ 聚合铁：聚合铁包括聚合硫酸铁（PS）和聚合氯化铁（PFC）。聚合氯化铁目前尚在研究之中。聚合硫酸铁已投入生产使用。

⑥ 复合型无机高分子：近年来国内外专家研究开发了多种新型无机高分子混凝剂——复合型无机高分子混凝剂。目前，这类混凝剂主要是含有铝、铁、硅成分的聚合物。所谓"复合"，即指两种以上具有混凝作用的成分和特性互补集中于一种混凝剂中。例如，用聚硅酸与硫酸铝复合反应，可制成聚硅硫酸铝（PSiAS）。这类混凝剂的分子量较聚合铝或聚合铁大（可达 10 万 Da），且当各组分配合适当时，不同成分具有优势互补的作用。

⑦ 有机高分子混凝剂：有机高分子混凝剂又分为天然和人工合成两类。按基团带电情况，可分为以下 4 种：凡基团离解后带正电荷者称为离子型，带负电荷者称为阴离子型，分子中既含正电基团又含负电基团者称为两性型，若分子中不含可离解基团者称为非离子型。水处理中常用的是阳离子型、阴离子型和非离子型 3 种高分子混凝剂，两性型使用极少。

非离子型高分子混凝剂主要品种是聚丙烯酰胺（PAM）和聚氧化乙烯（PEO）。前者是使用最为广泛的人工合成有机高分子混凝剂（其中包括水解产品）。

2）助凝剂

当单独使用混凝剂不能取得较好的混凝效果时，常常需要投加一些辅助药剂以提高混凝效果，这种药剂称为助凝剂。常用的助凝剂多是高分子物质。其作用往往是为了改善絮凝体结构，促使细小而松散的颗粒聚结成粗大密实的絮凝体。助凝剂的作用机理是高分子物质的吸附架桥作用。例如，对低温低浊度水的处理时，采用铝盐或铁盐混凝剂形成的絮粒往往细小松散，不易沉淀。而投加少量的活化硅酸助凝剂后，絮凝体的尺寸和密度明显增大，沉速加快。一般自来水厂使用的助凝剂有骨胶、聚丙烯酰胺及其水解聚合物、活化硅酸、海藻酸钠等。

从广义上而言，凡提高混凝效果或改善混凝剂作用的化学药剂都可称为助凝剂。例如，当原水碱度不足、铝盐混凝剂水解困难时，可投加碱性物质（通常用石灰或氢氧化钠）以促进混凝剂水解反应。当原水受有机物污染时，可用氧化剂（通常用氯气）破坏有机物干扰。当采用硫酸亚铁时，可用氯气将亚铁离子 Fe^{2+} 氧化成高铁离子 Fe^{3+} 等。这类药剂本身不起混凝作用，只能起辅助混凝作用，与高分子助凝剂的作用机理是不相同的。有机高分子聚丙烯酰胺既能发挥助凝作用，又能发挥混凝作用。

（3）混合和絮凝

1）混合：凝聚剂与原水进行充分混合的过程。

2）絮凝：当药剂与原水充分混合后，水中胶体和悬浮物质发生凝聚产生细小矾花。这些细小矾花还需要通过絮凝池进一步形成沉淀性能良好、粗大而密实的矾花，以便在沉淀池中去除。

絮凝池：絮凝过程中必须控制一定的流速，创造适宜的水力条件。絮凝池的种类较多，常用的有隔板絮凝池、旋流式絮凝池等。

（4）影响混凝效果主要因素

影响混凝效果的因素比较复杂，其中包括水温、水化学特性、水中杂质性质和浓度以及水力条件等。

1）水温影响

水温对混凝效果有明显的影响。我国气候寒冷地区，冬季从江河水面以下取用的原水受地面温度影响，到达水处理构筑物时，水温有时低至 $0\sim2℃$。通常絮凝体形成缓慢，絮凝颗粒细小、松散。为提高低温水的混凝效果，通常采用增加混凝剂投加量或投加高分子助凝剂等措施。

2）水的 pH 值影响

水的 pH 值对混凝效果的影响程度，视混凝剂品种而异。对硫酸铝而言，水的 pH 值直接影响铝盐的水解聚合反应，亦即影响铝盐水解产物的存在形态。用以去除浊度时，最佳 pH 值在 6.5～7.5 之间，絮凝作用主要是氢氧化铝聚合物的吸附架桥和羟基配合物的电性中和作用。用以去除水的色度时，pH 值宜在 4.5～5.5 之间。试验数据显示，在相同除色效果下，原水 pH 值为 7.0 时的硫酸铝投加量比 pH 值为 5.5 时的投加量约增加一倍。

采用三价铁盐混凝剂时，由于 Fe^{3+} 水解产物溶解度比 Fe^{2+} 水解产物溶解度小，且氢氧化铁不是典型的两性化合物，故适用的 pH 值范围较宽。

高分子混凝剂的混凝效果受水的 pH 值影响较小。例如聚合氯化铝在投入水中前聚合物形态基本确定，故对水的 pH 值变化适应性较强。

从铝盐（铁盐类似）水解反应可知，水解过程中不断产生 H^+，从而导致水的 pH 值不断下降，直接影响了铝（铁）离子水解后生成物结构和继续聚合的反应。因此，应使水中有足够的碱性物质与 H^+ 中和，才能有利于混凝。

3）水中悬浮物浓度的影响

水中悬浮物浓度很低时，颗粒碰撞率大大减小，混凝效果差。为提高低浊度原水的混凝效果，通常采用以下措施：

① 在投加铝盐或铁盐的同时投加助凝剂，如活化硅酸或聚丙烯酰胺等。

② 投加矿物颗粒（如黏土等）以增加混凝剂水解产物的凝结中心，提高颗粒碰撞速率并增加絮凝体密度。如果矿物颗粒能吸附水中有机物，效果更好，能同时起到去除部分有机物的效果。

③ 采用直接过滤法。即原水投加混凝剂后经过混合直接进入滤池过滤。如果原水浊度低而水温又低，即通常所称的"低温低浊"水，混凝更加困难，应同时考虑水温浊度的影响，这是人们一直关注的研究课题。

如果原水悬浮物含量过高，如我国西北、西南等地区洪水季节的高浊度水源水，为使悬浮物达到吸附电中和脱稳作用，所需铝盐或铁盐混凝剂量将相应地大大增加。为减少混凝剂用量，通常投加高分子助凝剂。

近年来，取用水库水源的水厂越来越多，出现了原水浊度低、碱度低的现象。首先调节碱度，投加石灰水，选用高分子混凝剂及活化硅酸，具有明显的混凝效果。

2. 沉淀、澄清和气浮

（1）沉淀

沉淀就是水中的悬浮颗粒依靠重力作用从水中分离出来的过程。完成沉淀过程的构筑物称为沉淀池。

1）沉淀原理

根据悬浮颗粒的浓度和颗粒特性，其从水中沉降分离的过程分为以下几种基本形式：

① 分散颗粒自由沉淀。

② 絮凝颗粒自由沉淀。

③ 拥挤沉淀。

④ 压缩沉淀。

2）平流沉淀池

平流式沉淀池（图1-13）是最常见的，也是历史最悠久的一种沉淀设备。池子外形是长方形，多用钢筋混凝土或砖石建造。出于构造简单，造价较低，操作管理方便，处理效果稳定，适应水量、水质变化，并有长期运转经验，深受操作工人欢迎。

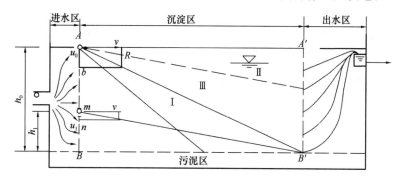

图1-13 平流沉淀池示意

平流式沉淀池工艺流程为经过混凝处理后的原水，不断进入沉淀池，水平流向出口，其中大部分矾花受到水平流速和沉速的合成作用，到达出口前沉积在池底被截留下来，形成污泥，定期排除，少量矾花随水流带出沉淀池。

平流式沉淀池根据其作用分成进水区、沉淀区、存泥区和出水区四部分。

① 进水区：其作用是将反应池内已混凝的原水引入沉淀区。它要求进水均匀地分布在沉淀池整个断面内，需使水流的流线水平且平行，同时避免股流和偏流。同时减少进水的紊动，有利于矾花沉淀和防止存泥冲起。

② 沉淀区：是沉淀池的主体，沉淀作用就在这里进行。

③ 存泥区：用于积存下沉的污泥，以便用人工或机械设备及时加以清除。

④ 出水区：收集沉淀池净水送往滤池，要求沉淀水均匀流入出水渠，尽量避免出水堰负荷过大，把矾花带出池子，即所谓"跑矾花"。尽可能收集沉淀池表层水，又要防止已沉污泥上浮。

3）斜板、斜管沉淀池

斜板、斜管沉淀池的沉淀原理为从平流式沉淀池内颗粒沉降过程分析和理想沉淀原理可知，悬浮颗粒的沉淀去除率仅与沉淀池沉淀面积有关，而与池深无关。在沉淀池容积一定的条件下，池深越浅，沉淀面积越大，悬浮颗粒去除率越高，此即"浅池沉淀原理"。

在斜板沉淀池中，按水流与沉泥相对运动方向可分为上向流、同向流和侧向流三种形式。而斜管沉淀池（图1-14）只有上向流、同向流两种形式。水流自下而上流出，沉泥沿斜管、斜板壁面自动滑下，称为上向流沉淀池。水流水平流动，沉泥沿斜板壁面滑下，称为侧向流斜板沉淀池。上向流斜管沉淀池和侧向流斜板沉淀池是目前常用的两种基本形式。

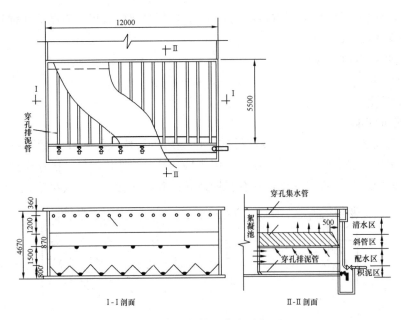

图 1-14　斜管沉淀池示意

斜板（或斜管）沉淀池的沉淀面积是众多斜板（或斜管）的水平投影和原沉淀池面积之和，沉淀面积很大，从而减小了截留速度。又因斜板（或斜管）湿周增大，水流状态为层流，更接近理想沉淀池。

4）辐流式沉淀池

在处理高浊度水和某些高浓度污水的沉淀构筑物中，其关键技术在于沉淀泥渣的排除。辐流式沉淀池具有排泥方便的特点，又可作为高浓度泥沙原水的污泥浓缩池。

辐流式沉淀池无论用于给水处理或污水处理，其沉淀原理、设计计算方法基本相同，只是水中悬浮物性质有所差别。前者是天然水中泥沙，后者是污水中的悬浮物。在设计参数的选用（如表面负荷、沉淀时间等）和一些细部设计上有所不同，应根据原水水质确定。

5）预沉池和沉砂池

当高浊度水源水中泥沙含量高且粒径大于 0.03mm 的颗粒占有较大比例时，容易淤在絮凝池和沉淀池底部难以清除，通常采用预沉处理。

常用的预沉池有两种形式：一是结合浑水调蓄用的调蓄池，同时作为预沉池。二是辐流式预沉池。调蓄预沉池容积根据河流流量变化、沙峰延续时间和积泥体积确定。预沉时间一般 10 天以上。调蓄预沉池大多不设置排泥系统，采用吸泥船清除积泥。

主要用于去除水中粒径较大的泥沙颗粒的沉淀构筑物称为沉砂池。

给水处理中所需去除的泥沙来自天然水源，粒径较小，一般在 0.1mm 以上，沙粒表面附着的有机物很少，采用平流式沉沙池或水力旋流沉砂池即可，不采用曝气沉砂池。

（2）澄清

原水加混凝剂，消除水中杂质颗粒之间的电性斥力之后，还必须使颗粒有相互碰撞机会才能进行凝聚。为此，需用悬浮状态的泥渣（矾花）层作为接触介质来增加颗粒的碰撞机会，以提高混凝效果。另一方面，创造水流的紊动性，使颗粒加快碰撞，克服残存的电性斥力，使其达到引力作用范围内使颗粒相互结合。澄清池就是在此基础上发展起来的，它把混合、反应、沉淀三个工艺过程有机地结合在一个净水构筑物内完成。澄清池的类型很多，根据工作原理可分成"泥渣接触过滤型澄清池"和"泥渣循环分离型澄清池"两类。

（3）气浮

在不同的水质处理中，常常碰到密度较小的颗粒，用沉淀的方法难以去除。如能因势利导向水中充入气泡，黏附细小微粒，则能大幅降低带气微粒的密度，使其随气泡一并上浮，从而得以去除。这种产生大量微细气泡黏附于杂质、絮粒之上，将悬浮颗粒浮出水面而去除的工艺，称为气浮分离。

气浮工艺在分离水中杂质的同时，还伴随着对水的曝气、充氧，对微污染及臭味明显的原水，更显示出其特有的效果。向水中通入空气或减压释放水中的溶解气体，都会产生气泡。水中杂质或微絮凝体颗粒黏附微细气泡后，形成带气微粒。因为空气密度仅为水密度的1/775，显然受到水的浮力较大。黏附一定量微气泡的带气微粒，上浮速度远远大于下沉速度，黏附气泡越多，上浮速度越大。

气浮池与沉淀池、澄清池相比，具有如下特点：经混凝后的水中细小颗粒周围黏附了大量微细气泡，很容易浮出水面，所以对混凝要求可适当降低，有助于节约混凝剂投加量。排出的泥渣含固率高，便于后续污泥处理。池深较浅，构造简单，操作方便，且可间歇运行。溶气罐溶气率和释放器释气率在95％以上。可去除水中90％以上藻类以及细小悬浮颗粒。需要配套供气、溶气装置和气体释放器。

3. 过滤

经过沉淀池或澄清池处理后出来的水比原水清得多，其中大部分杂质颗粒和细菌病毒已被去除，但是还有一部分细小的杂质颗粒，由于沉速慢，难于在较短时间内沉于沉淀池内，以致某些溶解物及细菌等更难被沉淀或澄清池所去除。为了满足生活饮用水和某些工业用水的要求，从而必须用过滤的方法进一步除去水中残留的悬浮颗粒和细菌病毒，所以过滤是净化过程中的一个重要环节。

目前使用普通快滤池仍很普遍。故在此以普通快滤池作为典型进行分析介绍。

（1）普通快滤池的构造

快滤池构造（图1-15）分为四大系统：

① 进水系统：进水总管、进水支管和进水渠。

② 过滤系统：滤料层、承托层。

③ 集水系统：清水支管、清水阀门、清水总管。

④ 反冲洗系统：冲洗总管、冲洗支管、冲洗阀门、配水干管、配水

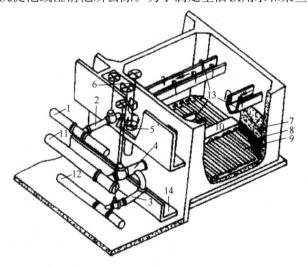

图1-15 普通快滤池构造剖面图

1—进水总管；2—进水支管；3—清水支管；4—冲洗支管；5—排水阀；6—浑水渠；7—滤料层；8—承托层；9—配水支管；10—配水干管；11—冲洗总管；12—清水总管；13—反洗排水槽；14—废水渠

支管、反洗排水槽、浑水渠、废水渠、排水阀门。

（2）过滤原理

普通快滤池能净水，主要取决于滤料层（砂层），滤池一般都用石英砂作滤料层的。砂层对水中的杂质有隔滤、沉淀、接触凝聚作用。

（3）滤料和承托层

1）滤料

滤料是滤池净水的主要因素，因此，滤料的选择是很重要的。石英砂是最早，也是当前应用最广泛的滤料。对于滤料，必须符合以下条件：

① 具有足够的机械强度，以防冲洗时滤料颗粒发生严重的磨损和破碎现象。

② 具有足够的化学稳定性，以免在过滤过程中发生溶解于水的现象而引起水质恶化。

③ 能就地取材，价廉。

④ 具有一定的颗粒级配和适当的孔隙率。

所谓滤料颗粒级配，是指滤料大小不同的颗粒所占的比例。滤料颗粒大小用"粒径"表示。"粒径"是指把滤料颗粒包围在内的一个假想的小球体直径。通常以不同网孔尺寸的筛分来衡量。

滤料层孔隙率是指滤料孔隙体积与整个滤层体积（包括滤料体积和孔隙体积在内）的比值。滤料层孔隙率与滤料颗粒大小、形状、均匀程度和压实程度等有关，滤料颗粒越大、越均匀，则孔隙率越大。石英砂孔隙率一般在 0.42 左右。

2）承托层

滤池的承托层一般由一定级配的卵石组成，敷设于滤料层与反冲洗配水系统之间，它的作用有两个：一是支承滤料，防止过滤时滤料从配水系统中流失。二是滤池反冲洗时，使反冲洗水均匀地向滤料层分配，起到均匀布水作用。为此，它必须符合以下要求：第一，反冲洗时承托层应保持不被冲动；第二，要形成均匀的孔隙，以创造均匀布水的条件；第三，材料坚固，同时不溶解于水。所以，一般采用天然卵石或碎石。

（4）消毒

水的消毒方法可分为物理消毒和化学消毒两大类。物理消毒的有加热法、紫外线法、超声波法等。化学消毒的有加氯（包括加漂白粉等）法、臭氧法、重金属离子法等。这些消毒方法各具一定的特点，但因加氯法的消毒力强，货源充足而价廉，设备简单，加入水中后能保持一定量的残余浓度，以防再度污染繁殖细菌，且残余浓度检测方便，所以，目前在给水处理中广泛应用加氯法消毒。

1）氯的性质

氯在常温常压下是一种黄绿色，具有强烈刺激性的窒息性剧毒气体，在 0℃时，每升氯气质量约为 3.2g，约为空气质量的 2.5 倍。当温度低于 −33.6℃时，氯呈液态，习惯上叫液氯。氯气在常温下加压至 0.6MPa～0.8MPa 时，也成为液氯。因此，氯气常用特制的钢瓶贮存和运输，使用方便。考虑到生产安全，现在逐步开始使用次氯酸钠来取代液氯。

2）氯消毒原理

氯在水中的消毒作用可分为两种情况：

① 原水中不含氨氮

氯或次氯酸钠投入水中后发生水解反应，生成的次氯酸 HClO 也在水中部分地离解，因此氯在水中同时存在对消毒有效的三种形态 Cl_2、$HClO$、ClO^- 统称为有效氯，也称为自由性氯。近代消毒作用观点认为，次氯酸 $HClO$ 是起消毒作用的最主要成分。因为 $HClO$ 是很小的中性分子，能扩散到带负电的细菌表面，穿透细胞膜而进入细菌内部，氧化破坏细菌新陈代谢所需的酶系统，使细菌死亡。

② 原水中含氨氮

当原水中含氨氮时，加氯后分步反应生成氯胺。次氯酸 $HClO$、一氯胺 NH_2Cl、二氯胺 $NHCl_2$ 和三氯胺 NCl_3 同时存在，其比例决定于加氯量、水中氨氮的含量、pH 值和水温。就消毒效果而言，水中有氯胺时起消毒作用的物质仍然是次氯酸，这些次氯酸由氯胺与水反应生成。因此，把一氯胺、二氯胺和三氯胺统称为化合性氯，也称结合氯，它们间接地起消毒作用。因为当水中存在氨氮时，起消毒作用的次氯酸由氯胺水解而得，氯胺水解速度慢，故消毒作用也缓慢，需要较长的接触时间才能杀死细菌。

3）影响加氯消毒作用的因素

① 接触时间：当水中余氯一定时，接触时间多些，消毒作用就完全些。但接触时间也不能过长，过长余氯会消失掉，细菌反而重新繁殖。一般要求不小于 30min。

② 投氯量：在同样原水和同样接触时间下，投氯量越大，消毒作用就越强。投氯量除满足水消毒时需要的加氯量外，还应使水中保持一定余氯。一般出厂水要求自由性余氯为 0.5mg/L 左右，化合性余氯为 1.0～2.0mg/L。

③ 浑浊度：浑浊的水，加氯消毒效果差，因为水中浑浊杂质要消耗一部分氯量，因而降低了杀菌效果。

④ 水温：水温对于自由性氯消毒并无多大影响，但对氯胺消毒法来讲，增高水温能加速杀菌。

⑤ pH 值：水中 pH 值越高，加氯消毒效果越差。

4）加氯点

① 按加注地点分

A. 原水加氯：常加注在进水泵前（也有加注在进水泵后）；

B. 滤前加氯：主要是指加注在沉淀池至过滤池之间的位置中；

C. 滤后加氯：加注在过滤以后，进入清水池之前；

D. 出厂加氯：加注在清水池以后，出水泵以前；

E. 厂外加氯：加注在供水管网中途。

② 按加注次数分

A. 一次加氯：在整个给水系统中，只在适当的地点加一次氯；

B. 多次加氯：在整个给水系统中，选择工艺后在适当位置进行几次加氯，以提高消毒效果。

③ 按加注量大小分

A. 一般加氯：氯气加入水中经适当时间接触后，其剂量除消耗于水中细菌、微生物和有机物等作用外，尚保存适量余氯，以抑制细菌和微生物的繁殖；

B. 过量加氯：当原水水质恶化时，常采用折点加氯。

4. 深度处理

随着全世界水环境的日益恶化，人类水源地的污染，以地表水特别是微污染水为水源的净水厂运行经验表明，常规"混凝＋沉淀＋过滤＋消毒"的净水处理工艺已不能完全满足饮用水水质标准，人类用水安全受到威胁，因此逐渐发展了饮用水深度处理技术。相比于传统处理而言，深度处理工艺往往在净水处理的标准处理工艺之后，旨在加强原处理工艺的功能或者清除某些微量污染物。当前，给水深度处理技术在城市水厂中得到了普遍应用，并且积累了大量经验，成为世界各国改善水质的重要技术。

（1）臭氧—生物活性炭工艺

原理

臭氧—生物活性炭工艺将臭氧的化学氧化作用、活性炭的物理吸附作用及微生物的降解作用进行有机结合，相互促进。难降解的大分子有机物氧化分解为能被活性炭吸附和微生物吸收的小分子有机物，同时臭氧还原为氧气，提高水中氧含量，为微生物提供了必要的营养源，为好氧微生物创造更好的生长环境，增加活性炭的工作寿命，加快有机物的降解，从而达到去除水中有机物的目的。图 1-16 为臭氧—生物活性炭工艺实际运行中应用最广泛的工艺流程。

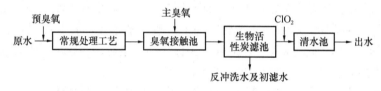

图 1-16 臭氧—生物活性炭工艺流程图

（2）超滤净水工艺

1）原理

超滤处理技术是以压力驱动为主要动力，进行膜分离的一个过程，在这个过程中进行有机质以及杂质的筛选，同时在压力的作用下，水分子必然会从高压侧向低压侧流动，这个时候，水中的大分子以及微粒就会被阻挡下来，进而使得水浓度上升，并排除。超滤膜适用于分离大分子物质、胶体、蛋白质，所分离溶质的分子量下限为几千，所分离组分的孔径范围为 $0.001\sim0.05\mu m$，有效地去除了水中的悬浮物、胶体、有机物等杂质，是替代活性炭过滤器和多介质过滤器的新一代预处理产品。

超滤膜的类型主要有平板超滤膜、管式超滤膜、毛细式超滤膜、中空纤维超滤膜和多孔超滤膜。超滤膜的材料又可以分为有机高分子材料和无机材料两大类，有机高分子材料主要有醋酸纤维素、聚丙烯、聚酰胺和聚砜，也可采用聚醚砜、聚四氟乙烯、聚偏氟乙烯。无机材料主要有陶瓷、金属、玻璃、硅酸盐以及碳纤维。超滤技术的操作压力低，设备投资费用和运行费用低，无相变，能耗低，可有效分离水中的悬浮物、胶体、有机物等杂质，但对金属离子没有任何的去除能力，对小分子量有机物的去除能力较低。

2）工艺特点

超滤的推动力是压力差，通常是 0.1MPa～1MPa。与过滤、沉降等方法相比，超滤还具有膜分离技术独有的特点：一是对混合物分离具有高选择性，可截留的相对分子质量范围为 500～106，而天然水和工业用水中有机物的分子量大部分也在这个范围；二是分离过程无相的变化，能耗低，节省了大量化学试剂；三是应用的规模和处理能力可在较大的范围内变化，设备可实现工业化生产和自动化控制，不会影响分离效率和运行费用。

二、作图基础知识

（一）常 见 图 例

常见图例表见表 2-1～表 2-4。

管线符号表 表 2-1

编号	公制管径尺寸（mm）	管线符号
1	15	-------------------------------
2	20	— + — + — + — + — +
3	25	— + + — + + — + + — + + —
4	32	— + + + — + + + — + + + —
5	38～40	— — — — — —
6	50	— + — + — + — + — +
7	75	————————————
8	100	— — — — — — —
9	150	— - — - — - — - —
10	200	— - - — - - — - - —
11	250	— - - - — - - - —
12	300	— - — - — - — - —
13	350	— - - - - — - - - - —
14	400	— - - - — - - - —
15	450	— — - — —
16	500	— — - — —
17	600	— - - - - —
18	700	╫╫╫
19	800	┤├┤├┤├
20	900	╫╫╫
21	1000	╫╫╫╫
22	1100	— ┤ — ┤ — ┤ —
23	1200	— ┤ — ┤ — ┤ —
24	1400	— ╫ — ╫ — ╫ —
25	1600	——16——

管道及附件图例   表 2-2

序号	名称	图例	说明
1	管道	———————	用于一张图内只有一种管道
		—— J —— —— P ——	用汉语拼音字头表示管道类别
		—·—·—·—	用图例表示管道类别
2	交叉管	—— ┃ ——	指管道交叉不连接,在下方和后面的管道应断开
3	三通连接	┴	
4	四通连接	┼	
5	流向	▶	
6	坡向	◢	
7	套管伸缩器	▭	
8	波形伸缩器	◇	
9	弧形伸缩器	Ω	
10	方形伸缩器	⊓	
11	防水套管	╫	
12	软管	∿	
13	可挠曲橡胶接头	⟨Ò⟩	
14	管道固定支架	——✳——✳——	
15	管道滑动支架	═	
16	保温管	∿∿	也适用于防结露管
17	多孔管	↑ ↑ ↑	
18	拆除管	✕✕✕	
19	地沟管	≡≡≡	
20	防护套管	▭	

续表

序号	名称	图例	说明
21	管道立管	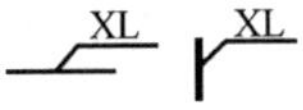 $\overset{XL}{\underline{\quad}}$ $\overset{XL}{\mid}$	X为管道类别代号
22	排水明沟		
23	排水暗沟	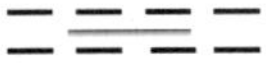	
24	弯折管	 ⊸○	表示管道向后弯90°
25	弯折管	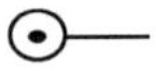 ⊙—	表示管道向前弯90°
26	存水弯		
27	检查口	⊢	
28	清扫口	 ⊟　干	
29	通气帽	↑	
30	雨水斗	 $\overset{YD-}{平面}$　$\overset{YD-}{系统}$	
31	排水漏斗	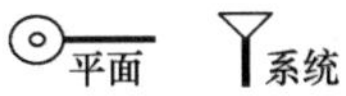 $\overset{}{平面}$　$\overset{}{系统}$	
32	圆形地漏		通用。如为无水封，地漏应加存水弯
33	方形地漏		
34	自动冲洗水箱		
35	减压孔板	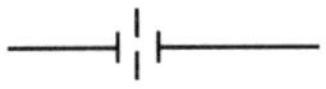 —⊣├—	
36	挡墩	 ↗┐	

管道连接图例　　　　　　　　　　　　　表 2-3

序号	名称	图例	说明
1	法兰连接	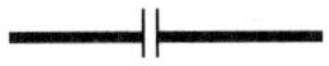 ━┤├━	
2	承插连接	 —→	

续表

序号	名称	图例	说明
3	活接头		
4	管堵		
5	法兰堵盖		
6	偏心异径管		
7	异径管		
8	乙字管		
9	喇叭口		
10	转动接头		
11	短管		
12	弯头		
13	正三通		
14	斜三通		
15	正四通		
16	斜四通		

阀门图例   表 2-4

序号	名称	图例	说明
1	阀门		用于一张图内只有一种阀门
2	角阀		
3	三通阀		
4	四通阀		

序号	名称	图例	说明
5	闸阀		
6	截止阀	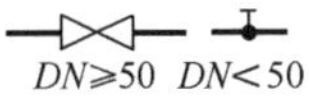 $DN \geqslant 50$　　$DN < 50$	
7	电动阀		
8	液动阀	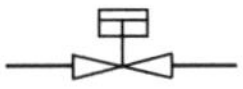	
9	气动阀	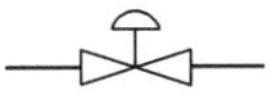	
10	减压阀	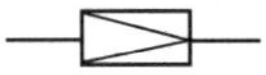	
11	旋塞阀	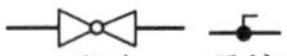 平面　　系统	
12	底阀		

（二）管 道 设 计 图

1. 带状平面图

带状平面图是截取地形图的一部分，在上面标注管线现状或设计施工位置，是正式的设计图纸。这类图纸的比例在城区多选 1：500，郊区为 1：1000、1：2000，其宽度以能标明管道相对位置的需要而定，按管道图的特殊性在图上标明以下内容：

（1）现状道路或规划道路中心线，中心线的折点坐标，管道和道路中线间的距离。

（2）当管道与道路中线没有关系或旧城市弯曲而凌乱的街道无明显的中线时，应标注与永久性地物间的相对距离。

（3）管道离道路中线的距离，管道折点坐标，管道中线的方位。

（4）管道上的节点布置和节点大样。

（5）相交或相近平行的其他管道状况。

（6）管道的主要设备明细表及图纸说明。

2. 纵断面图

管道断面图分为纵断面图与横断面图两种。管道纵断面图是管道埋设情况的主要技术资料之一。在地形变化大的地段，可加绘横断面图，以便在组织施工、计算沟槽土方量上提供实际数据。在街道上为了弄清各种管道相互的间距关系，也可测绘街道横断面图（图 2-1）。

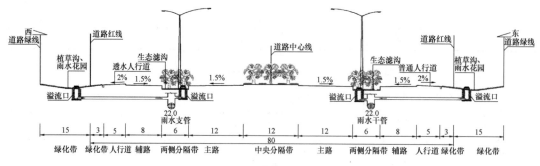

图 2-1　横断面图

在纵断面图（图 2-2）上，以水平距离为横轴，以高程为纵轴。纵断面图的横轴采用与带状平面图一样的比例，纵轴比例要比横轴大，一般为 1：100。横断面图上纵横轴可采用同一比例。为了查找数据方便，常把纵断面图画在坐标纸上。

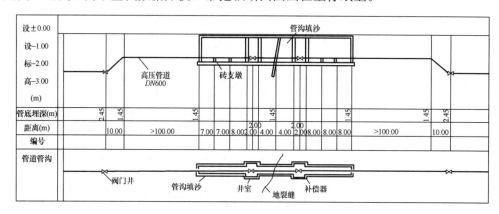

图 2-2　DN600 设计纵断面图

3. 大样图

管道设计中，若不能用带状平面图及纵断面图充分标注时，则以大样图的形式加以补充。大样图按其用途不一，分为管件组合的节点大样图、附属设施的施工大样图及特殊管段的布置大样图。

节点大样图一般附注在带状平面图上，在这种大样图上主要是标明管件组合的情况，用编号方式指明大样图在管道平面的位置。也有图纸在设计时，将管道带状平面图上相关节点部位直接放大标注管件组合情况，不另设节点大样图。

附属设施的施工大样图，包括阀门井砌筑的施工大样图（图 2-3）、异形管支墩砌筑大样图、管件加工大样图。

特殊管段的布置大样图，如过河架空管大样图。各种管道在管廊中的平面布置图等，大样图根据具体要求，采用较大的比例。

4. 室内管道施工图

（1）平面图的识读

室内给水排水管道平面布置图是施工图纸中最基本的图纸之一。常用的比例有 1：100 和 1：50 两种。它主要表明室内给水排水管道及卫生器具或用水设备的平面布置，这种布置图上的线条都是示意性的，同时管配件不画出来，在识读管道平面布置图时，应注

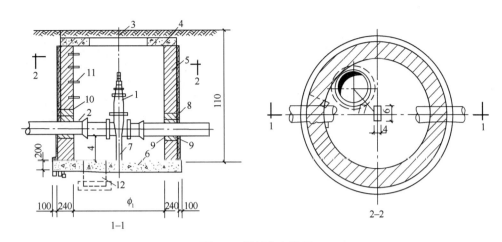

图 2-3　阀门井大样图

1—阀门；2—管道；3—铸铁井座盖；4—预制钢筋混凝土上井图；5—砖砌井壁；

6—混凝土井底；7—阀门支墩；8—黏土填实；9—水泥砂浆封面；10—砖拱；

11—铁爬梯；12—集水坑

意掌握如下内容和方法：

1）查明卫生器具用水设备的类型、数量、安装位置和定位尺寸。

2）弄清给水引入管和污水排出管的平面位置、走向、定位尺寸，以及与室外给水排水管网的连接形式、管径、坡度等。给水引入管和污水排出管通常都注上系统编号，编号和管道种类分别写在小圆圈内，给水系统用"给"或"J"表示，污水用"污"或"W"表示。

3）查明给水排水干管、立管、支管的平面位置与走向，管径及立管编号。

4）在给水管道上设置水表时，必须查明水表的型号、安装位置以及水表前后阀门设置情况。

（2）系统轴测图

给水和排水管道系统轴测图，通常画成斜等测图，用以表明管道系统的立体走向。在识读时应注意以下几点：

1）查明给水管道系统的具体走向，干管的敷设形式、管径尺寸及其变化情况，阀门设置引入管、干管及各支管的标高。识读时应按引入管、干管、立管、支管及用水设备的顺序进行。

2）根据楼层的标高，分清管路的层次和位置。

三、安全生产知识

（一）安 全 基 本 常 识

1. 安全生产方针

建设工程施工安全生产必须坚持"安全第一、预防为主"的基本方针。

要求在生产过程中，必须坚持"以人为本"的原则。在生产与安全的关系中，一切以安全为重，安全必须排在第一位。必须预先分析危险源，预测和评价危险、有害因素，掌握危险出现的规律和变化，采取相应的预防措施，将危险和安全隐患消灭在萌芽状态。

施工企业的各级管理人员，坚持"管生产必须管安全"和"谁主管、谁负责"的原则，全面履行安全生产责任。

2. 安全生产的"三级"教育

新作业人员上岗前必须进行"三级"安全教育，即公司（企业）、项目部和班组"三级"安全生产教育。

（1）施工企业的安全生产培训教育的主要内容有：安全生产基本知识，国家和地方有关安全生产的方针、政策、法规、标准、规范，企业的安全生产规章制度、劳动纪律，施工作业场所和工作岗位存在的危险因素、防范措施及事故应急措施，事故案例分析。

（2）项目部的安全生产培训教育的主要内容有：本项目的安全生产状况和规章制度，本项目作业场所和工作岗位存在的危险因素、防范措施及事故应急措施，事故案例分析。

（3）班组的安全培训教育的主要内容有：本岗位安全操作规程，生产设备、安全装置、劳动防护用品（用具）的正确使用方法，事故案例分析。

3. 杜绝"三违"现象

（1）违章指挥

企业负责人和有关管理人员法治观念淡薄，缺乏安全知识，思想上存有侥幸心理，对国家、集体的财产和人民群众的生命安全不负责任。明知不符合安全生产有关条件，仍指挥作业人员冒险作业。

（2）违章作业

作业人员没有安全生产常识，不懂安全生产规章制度和操作规程，或者在知道基本安全知识的情况下，在作业过程中，违反安全生产规章制度和操作规程，不顾国家、集体的财产和他人、自己的生命安全，擅自作业，冒险蛮干。

（3）违反劳动纪律

上班时不知道劳动纪律，或者不遵守劳动纪律，违反劳动纪律进行冒险作业，造成不安全因素。

4. 常见安全生产防护用品的功用

劳动防护用品按照防护部位分为九类。

（1）头部护具类。是用于保护头部，防撞击、挤压伤害的护具，主要有塑料安全帽、橡胶安全帽、玻璃钢安全帽、胶纸安全帽、防寒安全帽和竹编安全帽。

（2）呼吸护具类。是预防尘肺和职业病的重要护品，按用途分为防尘、防毒、供氧三类，按作用原理分为过滤式、隔绝式两类。

（3）眼防护具。用以保护作业人员的眼睛、面部，防止外来伤害。它分为焊接用眼面防护具、炉窑用眼护具、防冲击眼护具、微波防护具、激光防护镜，以及防 X 射线、防化学、防尘等眼防护具。

（4）听力护具。长期在 90dB（A）以上或短时在 115dB（A）以上环境中工作时应使用听力护具。听力护具有耳塞、耳罩和帽盔三类。

（5）防护鞋。用于保护足部免受伤害。目前主要产品有防砸鞋、绝缘鞋、防静电鞋、耐酸碱鞋、耐油鞋、防滑鞋等。

（6）防护手套。用于手部保护，主要有耐酸碱手套、电工绝缘手套、电焊手套、防 X 射线手套、石棉手套等。

（7）防护服。用于保护职工免受劳动环境中的物理、化学因素的伤害。防护服分为特殊防护服和一般作业服两类。

（8）防坠落护具。用于防止坠落事故发生，主要有安全带、安全绳和安全网。

（9）护肤用品。用于外露皮肤的保护，分为护肤膏和洗涤剂。

（二）安 全 操 作 规 程

1. 管道工安全操作规程

（1）工作前必须穿戴好规定的防护用品，根据工作内容，准备好使用的工具等（必要时准备好照明设备如行灯、应急电缆等）。遵守有关安全法规和制度。

（2）应掌握全公司供水、供热设备的性能和上、下水管线及热网管道的分布情况，特别是要熟悉地下管线的位置。要经常巡回检查，使之处于良好状态。

（3）负责全公司上、下水管道，热网管道及控制阀门的维修和改造，在工作过程中要把人身安全放在首位，特别是有压力的热网管道，要防止烫伤等。

（4）加强对管道系统的维护、保养。发现问题及时处理，如计划检修或发生故障需停止系统时，一定要事先请示主管领导。跑、冒、滴、漏要控制在 2‰ 以下。

（5）不允许一人单独在沟、井及容器内作业，必须有两人以上，其中一人在外面负责监护。在沟、井、容器内工作的人员，如发现有异味或感到头晕、恶心等，应立即停止工作到外面休息，待处理后再进入工作，有条件的地方应搞好通风。

（6）在有压力的管道上抢修时，应先进行减压，正在运行的管道（汽、水）原则上不允许进行检修工作。若更换较大阀门时，要做好安全防护措施，必须由两人以上一起安装，防止碰伤、砸伤。

（7）对有叠皮或裂缝的管子不准使用，检修阀门必须熟悉其结构、技术要求及检修工艺。检修后应做耐压试验，试验压力为工作压力的 1.5 倍，保持 5min 不漏。

（8）管道上的弯头焊补对口距弯曲点的距离至少等于管子直径，但不得小于 100mm。焊缝离支架的距离应大于 200mm。如安装的管子对接口空隙较大，不允许用热延伸使其密合，应另取短管补上，补管长度应大于 200mm，这样焊口处的应力不会过分集中，造成焊缝脆裂。

（9）定期检查管道上法兰及管道焊缝状况，发现缺陷及时处理。法兰盘结合面不应有创伤、凹坑等。

（10）对异径管接头的配制，其椭圆度不超过同直径管子的允许值，两端与中心线不垂直度：如管子外径小于 $\phi108$ 的，允许值为管径的 1%，管子外径为 $\phi133\sim\phi529$ 的，允许值为管径的 1.5%。异径管的偏心率不得大于管子大头外径的 2%。

（11）对腐蚀严重及出现裂纹、砂眼的管子，应更换新管或补焊，以消除安全隐患。

（12）为减少热损失和防止烫伤人，蒸汽管道及热水管道应保温，若用聚氨酯或岩棉保温时，一定要扎好领口、袖口及戴好口罩，防止化学纤维进入衣服内接触皮肤或进入体内。

（13）工作完毕，要清点人数，整理工具，打扫现场，做到文明生产。

2. 供水设备安全操作规程

（1）供水设备操作人员必须是负责该设备维护保养并熟识该设备运作原理的维修人员。

（2）先检查输入电压是否正常（三相四线），电控柜内的空气开关是否正常。

（3）检查水泵供水系统的各阀门是否按运行要求处于"开启"或"关闭"状态，水泵外表有无异样。

（4）接通电源，合上柜内开关，检查电源、指示灯、电压表是否正常。

（5）将"自动—手动"旋钮转换开关分别在手动和自动位置，分别检查每台水泵的转向在工频和变频运行下是否正常。若反转，则可调整控制柜进线三相电源中以及电动机电源的任意二相，直至皆为正转。若电机正转而输出扬程极低，则应打开水泵上的排气阀，排出水泵泵体内的气体。

（6）在水泵运行期间，尽量不要改变水泵的切除/投入拨动开关位置。

（7）泵房的运行经最初调试完成后，应保持设定控制状态，任何人不得随意改变。

（8）若发现设备在运行期间系统出现故障，此时可视情况作应急供水（改用手动）处理，然后通知生产厂家派专业人员进行维修。

（9）工程人员因检修需要暂时改变水泵的运行状态，应首先检查各阀门开闭等情况与需要运行的状态相对应才可启动电机，检修完毕应将各阀门和各电气开关恢复至原来的状态并做好维修记录。

（10）闲置时间较长的设备在投入使用前必须作绝缘检测，确认合格后方可送电运行，并测试其起电流及检查机械运转状态。

（11）检修设备必须保证水质的饮用卫生，特别小心避免杂物或沙泥掉进管道内。如因检修过程不慎，有可能造成水质污染，检修人员应负责马上通知住户可能受到的影响并及时报告。

（12）关机时，先将旋钮开关置于中间"停止"位置，断开柜电源开关，再断开总电源。

（13）凡涉及电气作业，必须有不少于两人在场。

（三）安 全 施 工 管 理

施工前要充分考量施工环境，进行危险源分析。结合供水管道施工的具体实际情况，明确管道开挖及安装施工中安全防范的重点。

1. 文明安全组织施工

为了保证施工安全，施工单位必须有严格的安全组织措施，上有安全科，下有安全员，以消除一切在施工过程中可能出现的不安全因素。建立安全施工、安全操作的规章制度，实施安全工作责任制，认真贯彻执行国家有关安全施工和安全生产的法规，抓好安全技术教育，提高全员的安全意识，做好日常的安全组织与管理工作。因此，应始终贯彻安全第一的思想，遵守国家颁布的有关规范和规程及安全技术要求。

日常的安全组织和管理工作包括：

（1）安全工作要法制化、规范化。

（2）做好工伤事故的登记、调查、统计工作，针对事故发生的原因，总结教训并提出预防措施。

（3）做好安全检查，及时发现不安全因素，消除事故隐患，防患于未然。

（4）加强安全教育，提高安全意识和掌握安全技术知识。

管道施工人员的培训与上岗资格包括：

（1）所有参加施工人员都要接受安全技术有关法规、责任制的培训，学习有关安全技术规程，经考试合格后方可上岗。

（2）在工种施工开始前，施工的组织者和负责人在根据工程特点进行技术交底的同时，还要进行安全交底，并制定具体的安全技术措施。

（3）在每天施工作业前，施工负责人应根据当日作业内容，具体交代安全注意事项，指出工作区的危险部位和危险设备。

（4）对于施工设备的操作工人和特殊工种的工人，必须经专门的技术培训，并经取得相应的操作资格证书后，方准从事允许级别的操作和施工作业。

（5）对于集体配合进行的作业，作业前应明确分工，操作时统一指挥，密切配合，步调一致。

2. 专项安全管理措施

建立严格的经济责任制是实施安全保护管理目标的中心环节，运用安全保护系统工程的思想，坚持以人为本，教育为先，管理从严，做好安全事故的超前防范工作，为实现安全保护管理目标打下良好的基础。按照"四不放过"原则实施安全的全面管理。"四不放过"即事故原因未找出不放过，没有防范措施不放过，有关责任人员没有得到应有处理不放过，领导和群众没有得到教育不放过。

在施工过程中，由安全部检查督促安全措施的落实，加强现场巡视、监督、检查。对各类人员进行培训，坚持持证上岗。抓好机械设备安全运行，杜绝高空坠落、电击事件和其他事故。具体措施如下：

（1）认真贯彻执行"安全第一，预防为主"的方针。

（2）安全生产是质量保证的前提，建立健全安全管理体系，制定本工程的安全管理办法，建立完善的安全管理制度，明确项目部各级人员的职责。施工现场成立以总经理领导下的，由与工程安全直接相关的各职能部门负责人组成的施工安全生产委员会，对工程安全施工实施统一领导，对影响施工安全的重大问题进行决策，由副经理主管安全工作。

（3）按照《水利水电工程施工通用安全技术规程》SL 398—2007 进行施工，确保施工安全。并实行逐级安全技术交底制，凡参加安全技术交底的人员要履行签字手续，并保存资料，安全部专职安全员对安全技术措施的执行情况进行监督检查，并做好记录。施工工区配备专职安检人员，完善安全检查工作制度，认真召开班前安全会。

（4）加强施工现场安全教育。

1）针对工程特点，对所有从事管理和生产的人员在施工前进行全面的安全教育，重点对专职安全员、班组长，从事特殊作业的架子工、起重工、电工、焊接工、机械工、机动车辆驾驶员等进行培训教育。

2）未经安全教育的施工管理人员和生产人员，不准上岗，未进行三级教育的新工人不准上岗，变换工种或采用新技术、新工艺、新设备、新材料而没有进行培训的人员不准上岗。

3）特种作业的操作人员需进行安全教育、考核及复验，严格按照《特种作业人员安全技术培训考核管理规定》且考核合格获取操作证后方能持证上岗。对已取得上岗证的特种作业人员要进行登记，按期复审，并设专人管理。

4）通过安全教育，增强职工安全意识，树立"安全第一，预防为主"的思想，并提高职工遵守施工安全纪律的自觉性，认真执行安全检查操作规程，做到不违章指挥、不违章操作、不伤害自己、不伤害他人、不被他人伤害，达到提高职工整体安全防护意识和自我防护能力。

5）做好劳动保护工作，将根据作业种类和特点，并按照国家劳动保护法的规定，定期给施工人员配备相应的劳保用品，包括安全帽、水鞋、绝缘鞋、雨衣、手套、安全带、安全网等，并按照劳动保护法的规定发放特殊工种作业人员劳动保护津贴和营养补助，对从事特殊作业的人员定期进行身体检查。进入现场的施工人员必须佩戴安全帽等劳保用品。

6）对可能漏电伤人或易受雷击的电器及建筑物均设保护接地或防雷接地，并负责防雷装置的采购、安装管理和维修，建立完善的定期检查制度。

7）严格按防洪防汛技术措施、应急预案及业主、监理相关指示做好施工区内防洪防汛工作，防止洪水淹没施工面，造成人员及设备物资的损失。

8）根据本标段施工具体情况，对施工危险性大、季节性变化大、节假日前后等特殊情况进行检查，并有项目部领导值班。对检查中发现的安全问题，按照"四不放过"的原则立即制定整改措施，限期整改。对工程施工发生的每一起安全事故，不论大小，都要追究到底，直到所有防范措施全部落实，所有责任人全部得到处理，所有施工人员都取得了事故教训。

3. 安全技术措施

（1）施工现场安全防护技术措施

1）对于原渠道外侧陡壁段，为了保证工人在材料运输过程中的行走安全，渠道靠外侧位置布置一道 1.2m 高的防护栏杆，防护栏杆材料采用 $\phi48$ 钢管，栏杆外挂一层安全防护网。

2）具体施工方法如下：防护栏杆基础采用 YT28 手风钻钻设 20cm 深的孔，孔内插入 $\phi25$ 的插筋，插筋外露 20cm，插入孔内钢筋采用水泥砂浆填充密实，出露插筋外套 $\phi48$ 的钢管，立杆高度为 1.2m，按 1.5m 宽进行布置，立杆上布设两道横杆，底部横杆距离立杆顶部为 1m，顶部横杆距离立杆顶部为 20cm，横杆接头位置采用直角扣件进行连接，其搭接长度不小于 50cm，且直接扣件不少于 2 个。

（2）管线在横穿公路时，需对原有公路路面进行切割，应采取半幅施工方法，同时在公路两侧 20m 位置设置相应的标识标牌。

（3）施工中遇见光缆、电线、管道等地下构筑物时要高度警惕，针对不同的构筑物制定相应的保护措施，并设置相应的标识标牌。

（4）为保证工人或机械设备在开挖边坡底部施工的安全，在高边坡顶部开口线以外 2m 的位置用钢管脚手架搭设 1.2m 高的安全防护栏杆或者用浆砌石砌筑 80cm 高的截水墙。

（5）石方爆破安全技术措施

1）管道开挖爆破应遵守项目部的明挖爆破施工要求，统一放炮时间，统一警戒信号，爆破安全警戒距离不小于 350m，由安全人员手持红旗站岗进行警戒，警戒系统采取预报（撤离）、爆破、解除三种警报信号。

2）爆破时，施工机械设备及人员必须撤至爆破警戒范围以外，对因故不能撤走的施工机械设备及管材采取盖竹夹板等安全防护措施进行保护。同时采用松动爆破技术，减少炸药量，控制飞石，并调整爆破方向，使爆破震动和飞石得到有效控制。

3）靠近村庄段管沟在进行石方爆破时，为了避免飞石对其邻近房屋造成破坏，在施工过程中，严格控制其装药量，对炮孔采用轮胎皮进行覆盖。对离房屋太近的地段，采用机械进行破碎。

4）加强工地的火工产品管理，现场火工产品的运输、保管和使用必须按国家法律法规要求进行。严格按照项目部的爆炸材料管理制度执行，即用即领，用完及时退库，严禁现场存放火工材料。炸药运输过程中严禁采用斗车等运输，炸药和雷管应分开运输，不得混装。在装药过程中严禁手机开机、携带火机、抽烟等。

（6）管槽开挖及回填安全技术措施

1）挖掘机在悬崖施工时要采取防护措施，作业面不得留有摆动的大块石，如发现有塌方的危险，应立即处理或将挖掘机撤离至安全地带。

2）挖掘机在进行作业时，必须待机身停稳后再挖土，不允许在倾斜的坡上工作，当铲斗未离开作业面时，不得做回转行走等动作。

3）挖掘机在作业或行走时，挖掘机严禁靠近输电线路，机体与架空输电线路必须保持安全距离。

4）挖掘机停放时要注意关闭电源开关，禁止在斜坡上停放。操作人员离开驾驶室时，不论时间长短，必须将铲斗落地。

5）挖掘机在进行管槽土石方开挖时，必须严格遵守挖土机械的技术安全操作规程，挖土前，应先发出信号，在挖土机劈杆回转半径内不准有其他操作。在陡坡段进行开挖作业时，为避免滚石伤人，在挖方外侧安全距离内严禁有人进入作业区范围。

6）管沟在进行开挖时严格按照设计坡比进行开挖，对于全土质段沟槽，应在较高侧设置排水沟，根据土质情况及现场实际地形采取喷锚封闭或者钢板桩支撑处理，避免雨水浸泡造成管槽垮塌。

7）施工中遇见光缆、电线、管道等特殊地段采用人工开挖时，两个人的操作距离应保持在 2~3m，并应自上而下逐层挖掘，严禁采用掏洞的挖掘方法。

8）总干渠段管道回填时，为避免挖机对混凝土盖板造成破坏，采用小型夯实设备进行夯实，回填材料主要采用前期开挖预留未运走的土石方。

9）回填应从低处开始。每层厚度：土料一般 30cm，石料 50cm 左右。回填要求采用挖掘机斗进行夯实或采用其他小型夯实设备进行夯实施工，严禁采用挖掘机直接在上面碾压。

10）管槽两边弃土距离管沟边不应小于 1m，堆土高度不应大于 1.5m，并设置相应的土埂或挡板，以防堆土滚入沟槽内。但坡度陡于 1/5 或软土地区，禁止在挖方上侧弃土。

11）管槽两边弃渣部分用于回填，剩余部分就近堆放在管沟两边，采用挖掘机进行简单平整和压实，剩余弃渣中较大的块石尽量堆放在管槽内侧。

12）陡坡段弃渣部分为避免今后受雨水冲刷影响流入管槽外侧农户土地里，影响庄稼种植及给农户带来安全隐患，考虑在外侧用浆砌块石砌筑挡渣墙。

（7）管道吊装及安装作业安全技术措施

1）管道、管件及施工器具运输应由特定的起重工、上岗证件齐全的驾驶员配合执行，装载运输物料要堆放整齐，防滑防落设施齐全。

2）吊装前由安全员全面检查、检修所有吊车、吊具、卡索具，合格后方准投入使用，严禁吊车、吊具、卡索具超负荷使用。

3）吊装周围区域设置警戒线，非作业人员禁止在作业区内停留，吊车下方严禁任何人通过或逗留。

4）吊装应有专业指挥人员负责，指挥必须用对讲机、口哨、旗子进行指挥，用口哨或旗子指挥时，指挥人员应站在吊车司机能看清楚的位置进行指挥。

5）起吊大件、不规则物件时，在吊件上拴以牢固的溜绳，牵引人员站立要牢靠，安全可靠，避免发生高空坠落事故。吊装时设二次保护绳，吊钩与吊物中心一致，严禁偏拉斜吊。

6）管材在进行人工抬运时，首先应对抬棍、绳子、卡子等抬运工具进行全面检查。工人在抬运过程中，应有专人进行指挥，同时指挥人员应根据工人身高、体力、年龄等情况进行合理的搭配。

7）管材放置在管槽边时，应尽量选择较平坦的位置进行堆放，保证管材稳定。若因现场条件受限时，对管材应采用木块或石块进行垫实，避免管材滚动。

8）沟槽下管和支架管道吊装应有专职人员指挥，操作人员要听从指挥，熟悉指挥信号，要精神集中，相互配合，不得擅自离开工作岗位。吊装时，划分的施工警戒区域应有禁区标志，非施工人员禁止入内。

9）工人上下管沟时，应设置钢筋爬梯，爬梯的踏步间距不大于 50cm；所有工具及材料不得向沟内投扔，应用绳子系送或用设备吊运。

10）管件在放入沟内时，采用可靠的软带吊具，平稳下沟，避免与沟壁或沟底激烈碰撞。

11）施工中，排管及下管宜使用起重机具进行，严禁将管子直接推入沟槽内，管子吊下至距槽底 50cm 时，作业人员可在管道两侧辅助作业，管子落稳后方可松绳、摘钩。

12）在沟槽内进行对口作业时，施工人员必须佩戴安全帽，同时保证作业空间足够大，防止挤伤人，并注意检查沟壁情况，做到发现塌方等险情时及时处理。

（8）边坡稳定安全技术措施

1）管槽在开挖过程中，部分管道位置因现场地形条件限制，施工过程将会形成较高的边坡。为了保证边坡稳定性，开挖过程中应定期进行安全观测，若发现异常情况，现场施工人员及机械设备应及时撤离至安全地带。

2）边坡开挖形成后，对于较破碎及稳定性较差的边坡，应在离边坡顶部开口线的位置设置截水沟，截水沟采用浆砌块石进行砌筑，同时根据出露的岩层情况及时采取相应的锚喷或锚杆支护对边坡进行封闭处理。

3）边坡开挖应遵循自上而下的原则分层进行，根据岩层类别选择相应的开挖坡比，同时为了减小爆破对结构面的影响，宜采用预裂爆破进行施工。

（9）车辆运输安全措施

1）各类车辆必须处于完好状态，制动有效，严禁人料混载。

2）施工材料尽量避免雨天进行运输，运输道路路面、转弯半径均应满足正常施工通行要求，所有运载车辆均不准超载、超宽、超高运输。

3）若雨天机械设备进行施工，应对机械设备采取安装防滑链条等特殊措施。

4）车辆驾驶员必须持有相应特种作业人员操作证件，严禁驾驶员酒后驾驶及疲劳驾驶。

（10）其他安全措施

1）施工人员进入施工现场时，必须正确佩戴安全帽，严禁穿拖鞋、穿高跟鞋、赤臂进入工地。

2）对于生活区及油库区域，应有相应防火措施，配备相应的灭火器材，定期组织人员进行应急演练。

3）夏季高温天气进行野外施工作业时，应配备防止蚊虫叮咬、高温中暑等必备药品，同时定期对生活区进行清扫、消毒，保持室内卫生清洁。

4）在学校及医院附近进行施工时，应严格控制现场施工噪声，避免给周围群众生活带来影响。

（四）安 全 事 故 处 理

1. 一般安全事故的应急处理

（1）事故发生后的应急处理

1）迅速抢救伤员、保护事故现场

事故发生后，现场人员切不可惊慌失措，要有组织，服从统一指挥。首先抢救受伤人员，尽快排除险情，疏散无关人员，尽可能地减少财产损失和防止事故的进一步蔓延扩大。同时应保护好事故现场，为事故分析、调查提供最原始的状况。如因抢救工作和排险情而必须移动现场物品物体时，应做出准确的标记，有条件时应从不同角度照相或摄像。

2）现场抢救排险的方法

① 火灾扑救：发生火灾后，应使用水、砂、土及专用灭火器材进行扑救，对于火势较大的情况，应尽可能地设置阻火墙或开辟阻火区，并切断电源，防止火势进一步扩大。

② 触电：使触电人员脱离电源，随后才能对伤员进行抢救，切不可盲目抢救，以造成更多的人员触电。

③ 中毒：发生中毒事故后，应尽快使中毒人员脱离现场，在有保护的情况下及时切断毒源，并在空中、地面喷洒清水使毒气淡化，同时用抽风机将残留毒气排出。

④ 爆炸：发生爆炸事故后，首先应切断电源和产生爆炸的气、液来源，紧急疏散人员，防止事故进一步扩大。

（2）组织事故调查组

由企业生产技术负责人组织，有生产技术、安全、劳资、工会等部门有关人员参加的事故调查组，对事故进行调查。对于死亡事故，还须报告上级主管部门和当地政府的安全生产监督检查部门，共同进行调查处理。对于涉及的有关技术性问题，还可邀请有关专家和工程技术人员参加调查。调查组的工作程序和内容如下：

1）现场勘查

调查组成立后，应立即对事故现场展开勘查，勘查时必须及时全面、细致、准确、客观地反映原始面貌。其主要内容有：

① 做笔录

A. 发生事故的时间、地点、气象等；

B. 现场勘查人员的姓名、单位、职务、职称；

C. 勘查起止时间，勘查的全过程；

D. 事故所造成的破坏、伤害情况，状态及程度；

E. 设施、设备损坏或异常情况及事故发生前后的位置；

F. 事故发生前的劳动力组合及现场人员的具体位置和行动；

G. 其他重要物证的特征、位置及检验情况等。

② 对实物拍照

A. 方位拍照：反映事故现场周围环境中的位置；

B. 全面拍照：反映事故现场各部位之间的相互联系；

C. 中心拍照：反映事故现场的中心情况；

D. 细目拍照：揭示事故直接原因的痕迹物、致害物等；

E. 人体拍照：反映伤亡者主要受伤和造成伤害的部位。

2）现场绘图

根据现场勘查及调查情况，应绘制出下列示意图。

① 事故现场建筑物平面图、剖面图。

② 事故发生时人员位置及疏散图。

③ 被破坏物的主体或展开图。

④ 事故涉及范围图。

⑤ 设备或工、器具构造图等。

2. 分析事故原因及确定事故性质

通过认真调查分析，找出发生事故的原因，以便从中吸取教训，采取相应的措施，防止类似事故的重复发生。具体分析的步骤和要求如下：

（1）通过认真仔细的调查和现场勘查，查明事故发生的经过。弄清发生事故的各种因素，如人、物，生产和技术措施，环境及机械设备的状态等方面的问题，经过认真、客观、全面、细致、准确地分析，确定事故的性质和有关的责任。

（2）分析时，首先整理和阅读调查材料，并按有关标准，对受伤部位、受伤性质、起因物、致害物、伤害方式、不安全行为和不安全状态七项内容进行分析。

（3）分析原因时，根据调查、勘查所确认的事实，从直接原因入手，逐步深入到间接原因，从而确定事故的直接责任者和领导责任者，并根据在事故发生中的作用，找出主要责任者。

（4）确定事故的性质。施工中发生伤亡事故的性质一般可分为责任事故、非责任事故和破坏性事故。事故性质确定后，就可以采取不同的处理方法和手段。

（5）制定纠正和预防措施。根据事故发生的原因，编制防止发生类似事故的纠正或预防措施，并定人、定时间、定标准，尽快完成措施中的全部内容。

3. 事故调查报告

事故调查组完成上述工作后，应立即写出事故调查报告。施工事故调查报告的主要内容有：

（1）事故发生的时间、地点及伤亡人数和伤害程度。

（2）事故发生的经过和主要原因及次要原因。

（3）对事故责任分析结果和对责任人的处理意见。

（4）本次事故应吸取的教训以及应采取的措施、意见和建议。

（5）事故损失估算和实际发生的直接经济损失。

报告经事故调查组全体同志会签后，报请有关部门审核及领导批准。

如事故调查组内意见不能统一时，应进一步弄清事实，并对照有关政策法规反复研究，统一认识。但不可强求一致，应在报告中将不同意见讲清楚，以便上级在审核时进行必要的重点复查。

4. 伤亡事故的调查及处理制度

根据国务院颁发的《生产安全事故报告和调查处理条例》规定，对已发生的职工伤亡事故，应进行调查与处理工作。

（1）伤亡事故的调查

1）伤亡事故调查的目的。掌握事故发生情况、查明发生原因、拟订措施，防止同类事故再次发生。

2）伤亡事故调查的分工。轻伤事故，由工地负责。重伤事故，由工程处（工区）负责。重大伤亡事故，由公司负责。

3）伤亡事故调查的内容。主要有伤亡事故的时间、具体地点、受伤人数、伤害程度及事故类别，导致伤亡事故发生的原因，受伤人员与事故有关人员的姓名、性别、年龄、工种、工龄及级别，现场实测图样、图片及经济损失等。

4）伤亡事故调查的注意事项。认真保护和勘查现场，对事故现场人员询问、调查、了解真实情况，索取必要的人证和鉴定的印证，为事故处理做好准备。

（2）伤亡事故的处理

1）写出调查报告。把事故发生的经过、原因、责任及处理意见写成书面报告，经调查鉴定后方能报批。

2）事故的审理和结案。按国家规定，由企业主管部门提出处理报告，以各级劳动部门审批和审理方能结案。对事故的责任者，按情节和损失大小给予处分，如触犯刑法应提交司法部门依法惩处。

3）建立事故档案。把事故调查处理文件、图样、图片、资料和上级对事故所作的结案证明存档，并可作为教育宣传材料。

4）提出防范措施。利用事故教训，提出改进对策，提出预测、预防措施，减少或杜绝事故的发生。

5. 特殊安全事故的应急处理

事故发生后，事故单位有关人员在1小时内向事故发生地县级以上人民政府安全生产监督管理部门（以下简称安监部门）和负有安全生产监督管理职责的有关部门报告（以下简称主管部门），安监部门或主管部门接到报告后会赶赴事故现场，组织事故救援，做好事故现场保护工作。2小时以内同时向同级人民政府和上级安监部门或上级主管部门报告，报告内容：

（1）事故发生单位概况。

（2）事故发生的时间、地点以及事故现场情况。

（3）事故的简要经过。

（4）事故已经造成或者可能造成的伤亡人数（包括下落不明的人数）和初步估计的直接经济损失。

（5）已经采取的措施。

（6）其他应当报告的情况。

同时通知公安、劳动保障、工会、人民检察院等相关部门。

自事故发生之日起30日内，事故造成的伤亡人数发生变化的，应当及时补报。事故单位发生迟报、漏报、谎报和瞒报行为，经查证属实的，应立即上报事故情况。

1）事故调查阶段

事故调查由人民政府或人民政府授权、委托的有关部门组织进行，事故调查组由人民政府、安监部门、主管部门、监察机关、公安机关、工会等部门的有关人员组成，并应当邀请人民检察院派人员参加，视情况也可以聘请有关专家参与。调查组成员如与调查的事故有直接利害关系的必须回避，事故调查组组长由负责事故调查的人民政府指定。

事故调查组的主要任务是：

① 查明事故发生的经过、原因、人员伤亡情况及直接经济损失。

② 认定事故的性质和事故责任。

③ 提出对事故责任者的处理建议。

④ 总结事故教训，提出防范和整改措施。

⑤ 提出事故调查报告。

事故调查取证是完成事故调查过程的非常重要的一个环节，主要包括五个方面：

① 事故现场处理。为保证事故调查、取证客观公正地进行，在事故发生后，对事故现场要进行保护。

② 事故有关物证收集。

③ 事故事实材料收集。一是搜集与事故鉴别、记录有关的材料，事故发生的有关事实。

④ 事故人证材料收集记录。

⑤ 事故现场摄影、拍照及事故现场图绘制。

2）事故处理阶段

事故调查与事故处理，是两个相对独立而又密切联系的工作。事故处理的任务，主要是根据事故调查的结论，对照国家有关法律、法规，对事故责任人进行处理，落实防范重复事故发生的措施，贯彻"四不放过"原则①的要求。所以，事故调查是事故处理的前提和基础，事故处理是事故调查目的的实现和落实。

提交的事故调查报告经政府批复后，有关机关应当按照政府的批复依照法律、行政法规规定的权限和程序，对事故发生单位和有关人员进行行政处罚，对负有事故责任的国家工作人员进行处分；事故发生单位对本单位负有事故责任的人员进行处理；涉嫌犯罪的，依法追究刑事责任。其他法律、行政法规对发生事故的单位及其有关责任人员规定的罚款幅度与《生产安全事故罚款处罚规定（试行）》不同的，按照较大的幅度处以罚款，但对同一违法行为不得重复罚款。事故发生单位及其有关责任人员有两种以上应当处以罚款的行为，应合并作出处罚决定。

3）事故结案阶段

按照政府批复的事故调查报告，有关机关和事故发生单位应当及时将处理结果上报调查组牵头单位，事故调查组及时予以结案，出具结案通知书。

事故结案应归档的资料有：

① 职工伤亡事故登记表。

② 事故调查报告及批复。

③ 现场调查记录、图纸、照片。

④ 技术鉴定或试验报告。

⑤ 物证、人证材料。

⑥ 直接和间接经济损失材料。

⑦ 医疗部门对伤亡人员的诊断书。

⑧ 发生事故的工艺条件、操作情况和设计资料。

⑨ 处理结果和受处分人员的检查材料。

⑩ 有关事故通报、简报及文件。

---

① 国家对发生事故后的"四不放过"处理原则，其具体内容是：1. 事故原因未查清不放过。2. 责任人员未受到处理不放过。3. 事故责任人和周围群众没有受到教育不放过。4. 事故制定的切实可行的整改措施未落实不放过。

事故处理的"四不放过"原则是要求对安全生产工伤事故必须进行严肃认真的调查处理，接受教训，防止同类事故重复发生。

（五）法 律 法 规

1. 安全生产的基本法规

《中华人民共和国宪法》

《中华人民共和国安全生产法》

《中华人民共和国消防法》

《中华人民共和国劳动法》

《中华人民共和国职业病防治法》

《中华人民共和国行政处罚法》

《危险化学品安全管理条例》

《安全生产许可证条例》

《生产安全事故报告和调查处理条例》

2. 安全生产的一般规定

安全生产一般意义上讲，是指在社会生产活动中，通过人、机、物料、环境的和谐运作，使生产过程中潜在的各种事故风险和伤害因素始终处于有效控制状态，切实保护劳动者的生命安全和身体健康。也就是说，生产安全是为了使劳动过程在符合安全要求的物质条件和工作秩序下进行的，防止人身伤亡财产损失等生产事故，消除或控制危险有害因素，保障劳动者的安全健康和设备设施免受损坏、环境的免受破坏的一切行为。

安全生产是安全与生产的统一，其宗旨是安全促进生产，生产必须安全。搞好安全工作，改善劳动条件，可以调动职工的生产积极性。减少职工伤亡，可以减少劳动力的损失。减少财产损失，可以增加企业效益，无疑会促进生产的发展。而生产必须安全，则是因为安全是生产的前提条件，没有安全就无法生产。

《中华人民共和国安全生产法》确定的安全生产管理基本方针为"安全第一、预防为主、综合治理"。要求在生产过程中，必须坚持"以人为本"的原则。在生产与安全的关系中，一切以安全为重，安全必须排在第一位。必须预先分析危险源，预测和评价危险、有害因素，掌握危险出现的规律和变化，采取相应的预防措施，将危险和安全隐患消灭在萌芽状态，企业的各级管理人员，坚持"管生产必须管安全"和"谁主管、谁负责"的原则，全面履行安全生产责任。生产经营单位的主要负责人对本单位的安全生产工作全面负责。生产经营单位的从业人员有依法获得安全生产保障的权利，并应当依法履行安全生产方面的义务。生产经营单位的工会依法组织职工参加本单位安全生产工作的民主管理和民主监督，维护职工在安全生产方面的合法权益。生产经营单位制定或者修改有关安全生产的规章制度，应当听取工会的意见。

生产经营单位应当具备本法和有关法律、行政法规和国家标准或者行业标准规定的安全生产条件；不具备安全生产条件的，不得从事生产经营活动。

生产经营单位的主要负责人对本单位安全生产工作负有下列职责：

（1）建立、健全本单位安全生产责任制。

（2）组织制定本单位安全生产规章制度和操作规程。

（3）组织制定并实施本单位安全生产教育和培训计划。

（4）保证本单位安全生产投入的有效实施。

（5）督促、检查本单位的安全生产工作，及时消除生产安全事故隐患。

（6）组织制定并实施本单位的生产安全事故应急救援预案。

（7）及时、如实报告生产安全事故。

生产经营单位的安全生产管理机构以及安全生产管理人员履行下列职责：

（1）组织或者参与拟订本单位安全生产规章制度、操作规程和生产安全事故应急救援预案。

（2）组织或者参与本单位安全生产教育和培训，如实记录安全生产教育和培训情况。

（3）督促落实本单位重大危险源的安全管理措施。

（4）组织或者参与本单位应急救援演练。

（5）检查本单位的安全生产状况，及时排查生产安全事故隐患，提出改进安全生产管理的建议。

（6）制止和纠正违章指挥、强令冒险作业、违反操作规程的行为。

（7）督促落实本单位安全生产整改措施。

生产经营单位应当对从业人员进行安全生产教育和培训，保证从业人员具备必要的安全生产知识，熟悉有关的安全生产规章制度和安全操作规程，掌握本岗位的安全操作技能，了解事故应急处理措施，知悉自身在安全生产方面的权利和义务。未经安全生产教育和培训合格的从业人员，不得上岗作业。

生产经营单位使用被派遣劳动者的，应当将被派遣劳动者纳入本单位从业人员统一管理，对被派遣劳动者进行岗位安全操作规程和安全操作技能的教育和培训。劳务派遣单位应当对被派遣劳动者进行必要的安全生产教育和培训。

生产经营单位接收中等职业学校、高等学校学生实习的，应当对实习学生进行相应的安全生产教育和培训，提供必要的劳动防护用品。学校应当协助生产经营单位对实习学生进行安全生产教育和培训。

生产经营单位应当建立安全生产教育和培训档案，如实记录安全生产教育和培训的时间、内容、参加人员以及考核结果等情况。

生产经营单位与从业人员订立的劳动合同，应当载明有关保障从业人员劳动安全、防止职业危害的事项，以及依法为从业人员办理工伤保险的事项。

生产经营单位不得以任何形式与从业人员订立协议，免除或者减轻其对从业人员因生产安全事故伤亡依法应承担的责任。

生产经营单位的从业人员有权了解其作业场所和工作岗位存在的危险因素、防范措施及事故应急措施，有权对本单位的安全生产工作提出建议。

从业人员有权对本单位安全生产工作中存在的问题提出批评、检举、控告；有权拒绝违章指挥和强令冒险作业。

生产经营单位不得因从业人员对本单位安全生产工作提出批评、检举、控告或者拒绝违章指挥、强令冒险作业而降低其工资、福利等待遇或者解除与其订立的劳动合同。

从业人员发现直接危及人身安全的紧急情况时，有权停止作业或者在采取可能的应急措施后撤离作业场所。

生产经营单位不得因从业人员在前款紧急情况下停止作业或者采取紧急撤离措施而降

低其工资、福利等待遇或者解除与其订立的劳动合同。

生产安全事故受到损害的从业人员，除依法享有工伤保险外，依照有关民事法律尚有获得赔偿的权利的，有权向本单位提出赔偿要求。

从业人员在作业过程中，应当严格遵守本单位的安全生产规章制度和操作规程，服从管理，正确佩戴和使用劳动防护用品。

从业人员应当接受安全生产教育和培训，掌握本职工作所需的安全生产知识，提高安全生产技能，增强事故预防和应急处理能力。

从业人员发现事故隐患或者其他不安全因素，应当立即向现场安全生产管理人员或者本单位负责人报告。接到报告的人员应当及时予以处理。

工会有权对建设项目的安全设施与主体工程同时设计、同时施工、同时投入生产和使用进行监督，提出意见。

工会对生产经营单位违反安全生产法律、法规，侵犯从业人员合法权益的行为，有权要求纠正。发现生产经营单位违章指挥、强令冒险作业或者发现事故隐患时，有权提出解决的建议，生产经营单位应当及时研究答复。发现危及从业人员生命安全的情况时，有权向生产经营单位建议组织从业人员撤离危险场所，生产经营单位必须立即做出处理。

工会有权依法参加事故调查，向有关部门提出处理意见，并要求追究有关人员的责任。

安全生产监督管理部门和其他负有安全生产监督管理职责的部门依法开展安全生产行政执法工作，对生产经营单位执行有关安全生产的法律、法规和国家标准或者行业标准的情况进行监督检查，行使以下职权：

（1）进入生产经营单位进行检查，调阅有关资料，向有关单位和人员了解情况。

（2）对检查中发现的安全生产违法行为，当场予以纠正或者要求限期改正。对依法应当给予行政处罚的行为，依照本法和其他有关法律、行政法规的规定作出行政处罚决定。

（3）对检查中发现的事故隐患，应当责令立即排除。重大事故隐患排除前或者排除过程中无法保证安全的，应当责令从危险区域内撤出作业人员，责令暂时停产停业或者停止使用相关设施、设备。排除重大事故隐患后，经审查同意，方可恢复生产经营和使用。

（4）对有根据认为不符合保障安全生产的国家标准或者行业标准的设施、设备、器材以及违法生产、储存、使用、经营、运输的危险物品予以查封或者扣押，对违法生产、储存、使用、经营危险物品的作业场所予以查封，并依法作出处理决定。

监督检查不得影响被检查单位的正常生产经营活动。

负有安全生产监督管理职责的部门工作人员，有下列行为之一的，给予降级或者撤职的处分。构成犯罪的，依照刑法有关规定追究刑事责任：

（1）对不符合法定安全生产条件的涉及安全生产的事项予以批准或者验收通过的。

（2）发现未依法取得批准、验收的单位擅自从事有关活动或者接到举报后不予取缔或者不依法予以处理的。

（3）对已经依法取得批准的单位不履行监督管理职责，发现其不再具备安全生产条件而不撤销原批准或者发现安全生产违法行为不予查处的。

（4）在监督检查中发现重大事故隐患，不依法及时处理的。

负有安全生产监督管理职责的部门的工作人员有前款规定以外的滥用职权、玩忽职守、徇私舞弊行为的，依法给予处分。构成犯罪的，依照刑法有关规定追究刑事责任。

生产经营单位的主要负责人未履行安全生产法规定的安全生产管理职责，导致发生生产安全事故的，由安全生产监督管理部门依照下列规定处以罚款：

（1）发生一般事故的，处上一年年收入百分之三十的罚款。

（2）发生较大事故的，处上一年年收入百分之四十的罚款。

（3）发生重大事故的，处上一年年收入百分之六十的罚款。

（4）发生特别重大事故的，处上一年年收入百分之八十的罚款。

第二篇　管　道　工　程

四、施 工 准 备

（一）管道施工组织管理

1. 施工组织与设计

施工组织是施工管理的重要组成部分，是施工前就整个施工过程如何进行而做出的全面的计划安排，对统筹施工全过程，以及优化施工管理起到核心作用。

（1）施工组织设计研究的对象与任务

施工组织的任务是根据工程的技术特点，以及国家相应法律法规及各项技术政策，实现工程建设计划和设计要求，提供各阶段的施工准备工作内容，对人力、资金、材料、机械和施工方法等进行科学合理的安排，协调施工中各施工单位之间、各工种之间、材料与进度之间等合理的关系。在整个施工过程中做出科学、合理的安排，使工程施工取得相对最优的效果。

（2）施工组织设计的作用

施工组织设计是用以指导施工组织与管理、施工准备与实施、施工控制与协调、资源的配置与使用等全面性的技术、经济文件，是对施工活动的全过程进行科学管理的重要手段。它的根本任务就是根据工程的要求、工程的实际施工条件和现有资源的情况，拟订出最优的施工方案，在技术和组织上做好全面而合理的安排，以保证项目优质、高效、经济、安全。

（3）施工组织设计的重要性

1）招标投标阶段的重要性。招标投标阶段施工组织设计从宏观上描述了施工过程，中标后它是施工企业进行合同谈判、条款约束的根据和理由，还是总承包单位进行分包招标的重要依据。

2）施工阶段的重要性。施工阶段施工组织设计直接指导具体施工，是施工单位是否满足质量目标、进度目标、效益目标的重要依据。

3）施工组织设计对工程造价的影响。施工组织设计是针对施工阶段的特点而编制的。工程资金投放根据工程实施的进度而进行调整，资金投放是项目实施的经济保障。施工组织设计是为了满足设计意图的实现而采取的技术措施，技术措施是以经济作为保障。施工组织设计涵盖了组织措施、技术措施和经济措施，由此可见，施工组织设计对工程造价的影响很大。

施工组织设计是工程技术和施工管理两大要素结合的产物。施工组织设计编制必须对施工过程起到指导和控制作用，在一定的资源条件下实现工程项目的技术经济效益，达到技术效益与经济效益双赢。

（4）施工组织设计和施工方案的联系区别

1）施工组织设计是施工企业在指导一个拟建项目进行准备组织实施的基本的技术经济文件，是对拟建项目的施工准备工作和整个施工过程在人、财、物、时间、空间、技术和组织方面做出的一个全面计划安排，用于具体指导施工全过程各项施工活动的技术、经济和组织的综合性文件，特点是系统性、组织协调性和指导性。

2）施工方案是对分部工程中某一项施工工艺或者施工技术的分析，是施工实施过程中，通过技术、经济分析选择的施工工艺和方法。施工方案需要较为详细地说明该分部工程的具体施工方法、人员配备、机械配置、材料数量、进度管控以及质量、安全、文明和环保方面的要求。专项施工方案只针对分部工程进行编制，特点是专业性。

3）施工组织设计与施工方案的联系

① 整体与局部的关系。施工组织设计是整体，施工方案是局部；施工方案是工程项目施工组织设计必不可少的一部分，脱离了施工组织设计的施工方案并没有指导意义，无法指导施工。

② 指导与被指导的关系，施工方案的编制必须在施工组织设计的总体规划与部署下编制和实施。

4）施工组织设计与施工方案的区别

① 编制目的不同。施工组织设计是对施工中的人、材、机的选用方法，时间、位置等环节的周密安排，根据各方面的要求来明确施工方案，是一个整体性计划安排；施工方案是编制某一个分部分项工程具体施工工艺或方法，以保证可操作性以及质量、安全的要求，是指导施工的专业方案。

② 编制内容不同。施工组织设计编制的对象是工程整体。涉及工程施工的各方面内容包括项目机构的划分、施工方案的选择、工序、工期以及优化配置和节约所使用的各要素施工方案编制的对象是分部、分项工程，包括工程的概念、施工方法、技术和重点难点等。

③ 侧重点不同。施工组织设计侧重计划，施工方案侧重实施。

④ 出发点不同。施工组织设计是从项目决策管理的角度出发，施工方案是从项目实施层的角度出发。

（5）施工组织设计的编制

工程项目施工组织的目的是高效、经济、文明、安全地组织工程项目的实施。一般来说编制施工组织设计有以下几点原则。

1）严格执行施工程序

每项工程都有严格的施工程序，遵照施工程序执行是确保施工能够顺利进行的基础核心，违反施工程序不但无法加快工程项目的推进，更可能引起更严重的后果。因此编制施工组织设计的人员必须对该项工程的实际施工程序有清楚的认知，这是编制一切施工组织设计的基础条件。

2）科学安排施工顺序

科学合理地安排施工计划是施工组织设计文件中最重要的组成部分，工地上人力、物料以及机械设备的需求计划，各业务组织、班组的安排以及施工总平面的布置等均须依据

施工计划。

3）采用先进的施工技术和设备

4）落实季节性施工的措施

5）确保工程质量和施工安全

6）施工组织设计的编制依据

① 招标投标文件、计划文件及合同文件，如已批复的建设计划、可行性报告，项目所在地主管部门的批文、工程招标文件以及承包合同等。

② 建设文件。如已批准的设计任务书、初步设计、施工总平面图及总概算等。

③ 工程查勘和技术经济资料。如建设工程勘查资料、地勘文件等。

④ 现行规范、规程和有关技术文件。如国家现行的施工及验收规范、操作规程等。

⑤ 类似建设项目的施工组织设计和有关资料。

⑥ 企业质量体系标准文件。

⑦ 企业的技术力量、施工能力、施工经验、机械设备状况以及自有的技术资料等。

7）施工组织设计的内容

施工组织设计组成：工程概况、施工部署和主要施工方案、施工总进度计划、资源需求计划、施工总平面图、主要施工技术和组织措施以及技术经济指标。

①工程概况

工程概况即对整个建设项目的总体说明和分析，一般包括以下内容。

A. 建设项目的主要情况。主要包括建设地点、工程性质、建设规模、总体工期、主要工程工作量、管线长度、设备安装及其数量、生产流程和工艺特点以及部分新技术、新材料的应用情况等。

B. 建设地区的自然和经济条件。主要包括工程建设期间该地区的气象、地理等情况，施工力量及条件（人力、机具、设备等），材料的供应、运输以及生产生活所需水、电等情况。

C. 建设单位和上级主管部门对工程的要求。包括有关建设项目的决议和协议、土地征用范围以及拆迁安置等事项。

② 施工部署及主要施工方案

施工部署是对整个建设项目的施工做出统筹规划和全面安排，即对工程重要环节做出决策。

施工部署的重点内容有以下几点：

A. 确定工程开展顺序。即确定项目中各分部、各工序的合理开展，关系到整个项目是否能够顺利实施的重大问题。对于规模较大的项目，一般需要根据项目总目标的要求，分期分批建设。

B. 施工任务划分与组织安排，在明确施工项目管理体制，机制的条件下，划分各参与施工的单位、班组的任务，明确总包与分包的关系，建立施工现场统一的组织领导机构及职能部门，确定综合与专业化的施工组织，明确各单位之间的分工关系，划分施工阶段。

C. 重点施工环节的施工方案及机械化施工方案的拟订，施工组织设计应该拟订重点施工环节的施工方案和一些特殊的分项工程的施工方案。机械化施工是一个大型项目施工所必需的，管道工程施工中如超深开挖、非开挖等，必须在施工组织设计中明确机械化施工的具体方案。

D. 施工准备工作规划。包括施工现场三通一平，场地排水、防洪，生产生活场地材料堆放及设备安置场地等。

③ 施工总进度计划

根据建设单位对工程项目交付使用的时间要求，按照合理的施工顺序和日程安排的建设计划，称为施工进度计划。通常采用横道图式进行反映。

A. 确定各施工环节、工序的施工期限，施工期限应根据合同工期、施工单位技术力量、管理水平、工程体量、现场条件等综合确定。

B. 确定各施工环节、工序之间的互相衔接。在施工部署中已经确定了的施工期限和总的展开程序，在通过对各环节、工序的分析后，就可以进一步安排相互间的开竣工时间和搭接关系。

C. 施工总进度计划的检查和优化。施工总进度计划表绘制完成后，应从以下几个方面对其进行检查：是否满足项目总体进度要求以及建设方对工期的要求；各工序之间搭接是否合理；主体工程与配套工程、辅助工程之间是否平衡。

对上述存在的问题，需要对工程总进度计划进行调整优化，以满足建设要求。

④ 各项资源需用量计划

A. 需要按工程施工阶段投入劳动力情况制定计划表。

B. 主要施工机具需要计划表。主要施工机械如挖土机、吊机、压路机等的需要量，根据施工进度计划，计算主要工程量求得，运输机械的需要量根据运输量计算求得。

C. 主要材料需要量计划表。根据施工图纸、工程概算得出所需施工材料总需求量，再根据施工总进度计划计算出各阶段分计划需求。

⑤ 施工总平面图

施工总平面图是对建设项目的施工现场进行全面规划、合理使用的总体布置，是施工部署在空间上的反映，是确保现场交通道路、供电供水、排水、生活等有序的重要技术文件，它以图纸的形式表达出施工现场的交通道路、材料仓库、附属生产或加工企业、临时建筑，临时水、电、管线等合理规划和布置，从而正确处理全工地施工期间所需各项设施与永久建筑、拟建工程之间的空间关系，指导现场进行有组织、有计划的文明施工。

⑥ 主要施工技术及组织措施

A. 施工质量控制

明确参考的质量体系、施工规范、质量手册、程序文件、作业指导书，并按照相应要求建立有效的检查督促机制。

严格坚持各项技术管理制度，明确图纸会审、技术交底、隐蔽验收等相关规定，建立有效的书面记录要求。

建立严格的设计变更手续，必须严格按照设计文件和施工图纸施工，变更设计必须由业主、监理审核后，设计单位出具变更图纸。

建立材料管理相应机制。把控原材料质量关，不符合质量要求的材料严禁进场。给水管道工程所用的管材、管道附件及其他材料应符合国家现行有关标准，并且有出厂合格证或相应证明。

工程施工过程中，工程技术人员和管理人员应认真及时地收集、整理各种工程资料，并分类归档以保证交工时资料的完整性和准确性。

B. 保证进度措施

建立生产例会制度，在总进度控制下安排月、周作业计划，在例会上对各种情况进行检查，各环节如有拖延应及时协调解决。

配备有经验的精良队伍投入施工，科学合理安排劳动力，做到紧时不缺工、闲时不窝工。

配置先进的施工机械设备，机械设备要定时检查维护，确保完好率，保证在施工过程中不因机械设备故障而影响进度。

提前落实材料计划，充分做好工程材料采购、运输、储存、检查等衔接工作，不得因材料供应不及时或质量不合格而影响进度。

在有关部门的同意下，优先采用新材料、新技术、新工艺提高工作效益。

C. 文明施工措施

a. 工程施工前，应按有关部门的规定办妥各有关手续和资料后，方可进行施工。

b. 施工中产生的垃圾要及时清理。

c. 工程警示牌应按规范设置，各种标语语句要文明礼貌、不生硬，路牌上字迹要清晰、整齐。

d. 施工现场沿线应保持整洁、有序，工程材料应沿线堆放整齐，若无条件可在堆场集中堆放，在工程运输过程中应确保无抛、洒、滴、漏现象。需夜间施工时，应注意防止噪声过大，减少对附近单位和居民的影响。

8）技术经济指标

施工组织设计的主要技术经济指标包括施工工期、施工质量、施工成本、施工安全、施工环境和施工效率，以及其他技术经济指标。

2. 管道施工技术报告

供水管道项目从实施到竣工验收，有各类技术报告作为项目实施的支撑，如工程竣工报告以及事故分析报告等。

（1）工程竣工报告

1）工程竣工报告是指在项目竣工后，施工单位对工程施工分部分项工程质量、资料等方面进行自评，自评合格后申请进行竣工验收。

2）工程竣工报告的内容

① 工程概况

工程前期工作及实施情况；设计、施工、总承包、建设监理、设备供应商、质量监督机构等单位；各单项工程的开工及完工日期；完成工作量及形成的生产能力。

② 执行工程主要法律法规、施工规范、标准及强制性标准的情况。

③ 主要建筑材料、建筑构配件、设备的出厂合格证明和复试的情况。

④ 相关质量检测情况。

⑤ 工程主要部位的功能性试验检测情况。

⑥ 主要工序及部位工程质量评定情况。

⑦ 施工过程中的质量问题及整改情况。

⑧ 单位工程质量自我评定。

⑨ 工程遗留质量缺陷情况及其影响。

（2）事故分析报告

1）事故分析报告是指在项目实施过程中，出现安全生产事故后，对发生事故的原因及所造成的经济损失的分析，目的在于吸取教训，杜绝安全事故再次发生。

2）事故分析报告的内容

① 工程和事故发生单位概况

包括工程或生产现场基本情况；事故单位基本情况；参与工程建设或生产的相关单位的基本情况。

② 事故经过和应急救援情况

包括人员伤亡或失踪情况；直接经济损失情况；现场及后方应急救援、善后处理情况。

3）事故原因和事故性质

分析、查明事故发生的直接原因、间接原因及其他原因，明确事故性质。

4）事故责任认定及处理建议

根据责任大小和承担责任的不同认定事故的直接责任、主要责任和领导责任，提出对事故责任单位的经济处罚建议；提出对事故责任者的组织处理，纪律处分以及经济处罚建议。

5）事故防范和整改措施

总结事故发生单位和相关单位以及有关人员应吸取的教训；针对事故单位存在的问题，提出事故防范措施和整改建议。

3. 工程预算

（1）工程预算的意义

工程预算是根据建设工程各阶段的设计内容，具体计算其全部建设费用的文件，在基本建设中坚持实行预算制度，是进行工程管理工作的重要内容。在基本建设中，工程预算是国家确定建设投资，建设单位确定工程造价，编制建设计划，施工单位签订经济合同的主要依据。因此，搞好工程预算工作，在施工行业的管理当中，对改善经营管理，全面完成建设任务，都具有重要的意义。

（2）工程预算分类

1）按工程对象划分

工程预算按工程对象划分有以下几类。

① 建设项目的总概算

建设项目的总概算是确定建设项目从筹建到竣工验收全部建设费用的文件，由该建设项目的各个单项工程的综合概算、工程建设的其他费用预算和预备费汇编综合而成。

② 单位工程综合概算

单位工程综合概算是确定各个单位工程全部建设费用的文件，由该工程项目内的各个单位工程概算汇编而成，是编制单项工程综合概算的依据，是单项工程综合概算的组成部分。

③ 单项工程概算

单项工程综合概算是确定一个单项工程建设费用的文件，由单位工程中的各单位工程概算汇总编制而成，是建设项目总概算的组成部分。

2）按建设阶段划分

工程预算按建设阶段划分有以下几类。

① 设计概算

在初步设计（或扩大初步设计）阶段，应根据设计图纸、概算定额及其他有关费用定额等，概略地计算工程费用，称为设计概算。设计概算的主要作用是确定基本建设项目的投资额，编制基本建设计划，进行基本建设拨款或贷款以及编制施工图预算，同时也是考核设计经济合理性和建设成本的依据。

② 施工预算

施工预算是施工单位在施工前编制的预算，它是施工单位内部策划制定施工作业计划、签发任务单、实行定额考核、开展班组核算和降低工程成本的依据。施工预算是在施工图预算的控制数字下。根据施工图和施工定额，结合施工组织设计中的施工平面图、施工方法、技术组织措施及现场实际情况等编制出来的。

（3）工程预算费用项目的划分

工程预算费用项目分为直接费、间接费和法定利润3个部分。

1）直接费

直接费是指直接用于工程上的费用，一般是根据设计图纸和预算定额，将每一分部分项工程项目的工程量，乘以该工程项目相应的单位预算价格而得到。直接费由人工费、材料费、施工机械使用费和其他直接费组成。

① 人工费

人工费是指直接从事施工工人（包括现场内水平、垂直运输等辅助工人）和附属辅助生产单位（非独立经济核算单位）工人的基本工资、职工福利费、附加工资和工资性质的津贴。

② 材料费

材料费是指施工过程中耗费的构成工程实体的原材料、辅助材料、构（配）件、零件和半成品的费用。

③ 施工机械使用费

施工机械使用费是指施工机械台班费用定额计算的施工机械使用费、其他机械使用费、施工机械进出场费安拆费、修理费。

④ 其他直接费

其他直接费是指除直接费以外的，施工过程中发生的具有直接性质的费用。如：现场施工生产需要的水电费、冬雨期施工增加费、夜间施工增加费等，以及因场地限制而发生的材料二次搬运费等。

2）间接费

间接费是指组织和管理施工而产生的费用，以及施工中上述直接费用以外的其他费用。它与直接费的区别是这些费用的消耗，并不直接制造出产品（建筑物），因此他不能直接计入分部分项工程中，而只能间接分摊到整个单位工程造价中去。

间接费由施工管理费和其他间接费组成。

3）法定利润

法定利润指按照国家规定的法定利润率计取的利润。

（4）工程预算编制的基本方法

1）工程预算编制依据

① 现行国家标准《建设工程工程量清单计价规范》GB 50500。

② 项目所在地区的《建设工程工程量定额》及相关图集。

③ 项目所在地区建设行政主管部门关于工程造价的相关文件及规定。

④ 施工图纸、施工方案。

2）工程预算编制流程

① 熟悉施工图纸及有关资料，根据施工图纸查勘现场。

② 根据现场情况、施工图纸、施工方案及计算规则进行土方计算和管材、管件工程量统计。

③ 根据工程量套用相应的定额。当施工图纸的某些设计要求与定额单价的特征不完全符合时，必须根据定额使用说明对定额基价进行调整和换算。

④ 根据现场实际情况和施工方案计取相应的总价措施费和单价措施费。

⑤ 根据建筑材料市场信息价对定额中人工、材料、机械价格进行调查。

⑥ 按照工程类别进行取费。

（二）管 道 工 程 测 量

工程测量技术是供水管道工程一项基本技术，是工程建设顺利施工的重要保证。它贯穿供水管道工程建设的勘查设计、施工建设和运营管理各阶段。它的主要任务如下：

（1）测绘大比例尺地形图：把工程建设区域内的地貌和各种物体的几何形状及其空间位置，按照规定的符号和比例尺绘制成地形图，并把供水管道工程所需的数据用数字表示出来，为规划设计提供图纸和资料。

（2）施工放样（测设）：工程建设阶段将图纸上设计好的管线平面位置和高程，运用测量仪器和测量方法在地面上标定出来，便于施工。

（3）竣工测量：工程结束后，将已施工的管线反映到竣工图纸上，为工程验收、管线维修和变更提供资料。

供水管道工程中测量主要是进行施工放样（测设）和竣工测量。

1. 水准测量

测定地面点高程的工作称为高程测量。高程测量按所使用的仪器和施测方法的不同，可分为水准测量、三角高程测量、卫星定位测量（GPS）和气压高程测量等。水准测量是一种直接得到点位高程的方法，不仅精度较高，而且施测简便，是工程测量中获取点位高程最常用的方法。本节主要介绍水准测量。

（1）水准测量原理

水准测量时利用水准仪提供的水平视线，借助带有分划的水准尺，直接测定地面上两点间的高差，然后根据已知点高程和测得的高差，推算出待定点的高程。

如图 4-1 所示，已知 A 点的高程为 H_A，欲测定待定点 B 点的高程 H_B。在 A、B 两

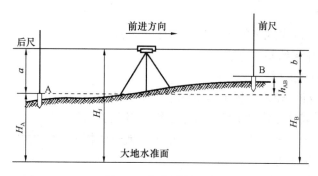

图 4-1　水准测量原理

点上立水准尺，两点之间安置水准仪，当视线水平时分别在 A、B 尺上读数 a、b，则 A 点到 B 点的高差 h_{AB} 为：

$$h_{AB} = a - b \tag{4-1}$$

设水准测量是由 A 向 B 进行的，则 A 点为后视点，A 点尺上的读数 a 称为后视读数；B 点为前视点，B 点尺上的读数 b 称为前视读数。因此高差等于后视读数减去前视读数。

（2）地面点的高程

高程是确定地面点高低位置的基本要素，分为绝对高程和相对高程两种。

1）绝对高程（海拔）

地面上任意一点到大地水准面的铅垂距离，称为该点的绝对高程，简称高程。

我国从 1987 年开始，决定采用青岛验潮站 1952 年—1979 年的周期平均海水面的平均值，作为新的平均海水面，并命名为"1985 国家高程基准"。

2）相对高程

在有些测区，引用绝对高程有困难，为工作方便而采用假定的水准面作为高程起算的基准面，那么地面上一点到假定水准面的铅垂距离称为该点的相对高程。

3）高差

地面上两点间的高程之差叫作高差。

设：A 点高程为 H_A，B 点高程为 H_B，则 B 点相对于 A 点的高差 $h_{AB} = H_B - H_A$，当 h_{AB} 为负值时，说明 B 点高程低于 A 点高程；h_{AB} 为正值时，则相反。

（3）待定点高程计算

测得 A 点到 B 点间高差 h_{AB} 后，如果已知 A 点的高程 H_A，则 B 点的高程 H_B 为

$$H_B = H_A + h_{AB} = H_A + (a - b) \tag{4-2}$$

或者 B 点高程也可以通过水准仪的视线高程 H_i 来计算，即

$$H_i = H_A + a \tag{4-3}$$

$$H_B = H_i + b \tag{4-4}$$

2. 水准测量的仪器和工具

水准测量所使用的仪器为水准仪，工具有水准尺和尺垫等。

水准仪按其精度分，有 DS05、DS1、DS3 及 DS10 等几种型号。"D"表示大地测量，"S"表示水准仪，05、1、3 和 10 表示水准仪精度等级，数字越大代表误差越大，按其结构分，主要有微倾式水准仪、自动安平水准仪和数字水准仪。在工程测量领域主要使用

DS3 级水准仪。本节将以 DS3 微倾式水准仪为重点进行讲述。

（1）DS3 微倾式水准仪的构造

DS3 微倾式水准仪主要由望远镜、水准器和基座三部分组成，如图 4-2 所示。

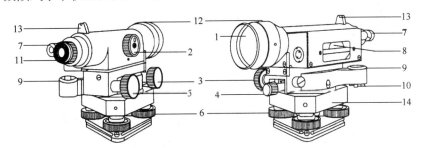

图 4-2　DS3 微倾式水准仪的主要构造

1—物镜；2—物镜调焦螺旋；3—水平微动螺旋；4—水平制动螺旋；

5—微倾螺旋；6—脚螺旋；7—水准管气泡观察镜；8—水准管；

9—圆水准器；10—圆水准器校正螺旋；11—目镜调焦螺旋；

12—准星；13—照门；14—基座

1）望远镜

望远镜是用来精确瞄准远处目标并对水准尺进行读数的装置，主要由物镜、目镜、调焦透镜和十字丝分划板组成。

物镜和目镜多采用复合透镜组，目标 AB 经过物镜成像后形成一个倒立而缩小的实像 ab，通过调焦螺旋可沿光轴移动调焦透镜，使不同距离的目标均能清晰地成像在十字丝平面上，再通过目镜的作用，便可看清同时放大了的十字丝和目标虚像 ab，如图 4-3 所示。

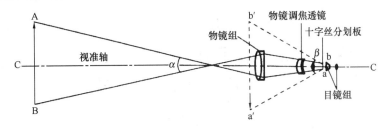

图 4-3　光学成像

2）水准器

① 管水准器

管水准器与物镜固连在一起，用于指示视准轴是否处于水平位置。它是一个玻璃管，其纵剖面方向的内壁研磨成一定半径的圆弧形，水准管上一般刻有间隔为 2mm 的分划线，分划线的中点 O 称为水准管零点，通过零点与圆弧相切的纵向切线称为水准管轴。水准管轴平行于视准轴。水准管分划越小，灵敏度越高，用其整平仪器的精度也越高。

② 圆水准器

圆水准器装在水准仪基座上，用于仪器粗略整平，使仪器的竖轴竖直。圆水准器是在玻璃盒内表面研磨成一定半径的球面，球面的正中刻有圆圈，其圆心称为圆水准器的零点。

气泡中心偏离零点时竖轴所倾斜的角值，称为圆水准器的分划值，精度较低，故用于仪器的粗略整平。

3) 基座的作用是支撑仪器的上部，并通过连接螺旋与三脚架连接，主要由轴座、脚螺旋、底板和三角压板构成。转动脚螺旋，可使圆水准气泡居中。

（2）水准仪的使用

微倾式水准仪的基本操作程序为安置仪器、粗略整平、瞄准水准尺、精确整平和读数。

1) 安置仪器

首先在观测站上松开三脚架架腿的固定螺旋，按需要的高度调整架腿长度，再拧紧固定螺旋，张开三脚架将架腿踩实，并使三脚架架头大致水平。然后从仪器箱中取出水准仪，用连接螺旋将水准仪固定在三脚架头上。

2) 粗略整平

通过调节脚螺旋使圆水准器气泡居中，如图4-4所示，具体操作步骤如下：用两手按箭头所指的相对方向转动脚螺旋1和2，使气泡沿着1、2连线方向由a移至2方向。用左手按箭头所指方向转动脚螺旋3，使气泡由b移至中心。整平时气泡移动的方向与左手大拇指旋转脚螺旋时的移动方向一致。

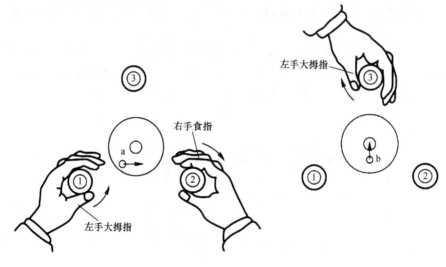

图4-4　粗略整平示意

3) 瞄准水准尺

① 目镜调焦：松开水平制动螺旋，将望远镜转向明亮背景，转动目镜对光螺旋，使得十字丝成像清晰。

② 初步瞄准：通过望远镜筒上方的照门和准星瞄准水准尺，旋紧水平制动螺旋。

③ 物镜调焦：转动物镜对光螺旋，使水准尺的成像清晰。

④ 精确瞄准：转动水平微动螺旋，使十字丝的竖丝瞄准水准尺中央，如图4-5所示。

⑤ 消除视差：眼睛在目镜端上下移动，如果看见十字丝的横丝在水准尺影像之间相对移动，这种现象叫视差。产生视差的原因是水准尺的尺像与十字丝平面不重合，如图4-6(a)所示。视差的存在将影响读数的正确性，应予消除。消除视差的方法是仔细地

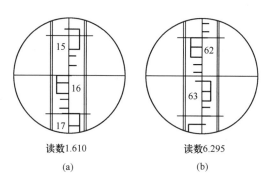

读数1.610　　　　　　读数6.295

（a）　　　　　　　　　（b）

图 4-5　瞄准水准尺

（a）读数Ⅰ；（b）读数Ⅱ

转动物镜对光螺旋和目镜调焦螺旋，直至尺像与十字丝平面重合，如图4-6（b）所示。

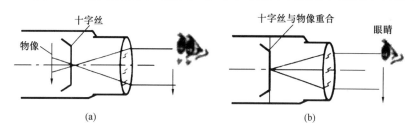

图 4-6　视差

（a）存在视差；（b）消除视差

4）精确整平

水准管的精确整平简称精平。观察水准管气泡和窗内的气泡影像，转动微倾螺旋，使气泡两端的影像严密吻合，此时视线即为水平视线。微倾螺旋的转动方向与左侧半气泡影像的移动方向一致，如图4-7所示。

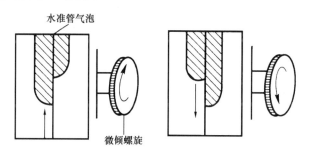

图 4-7　精平

5）读数

符合水准器气泡居中后，应立即用十字丝横丝在水准尺上读数，无论是倒像还是正像的水准仪，读数时应从小数向大数读取。直接读取米、分米、厘米，并估读出毫米，共4位数。如图4-6（a）所示，横丝读数为1.610m；如图4-6（b）所示，横丝读数为6.295m。读完读数后，要复核长水准管气泡是否居中，若居中则读数有效，若不居中，应再次精平，重新读数。

6) 统计

测量的各项数据可按顺序依次填入表4-1，进行统计汇总。

水准测量读数表　　　　　　　　　　　　　表 4-1

桩号	后视高程	后视读数	视高线	前视读数	实测高程	设计高程	高差	备注
1								
2								
3								

3. 坐标测量

全站仪是一种集光、机、电为一体的测量仪器，也是集水平角、垂直角、距离、高差测量功能于一体的测绘仪器系统。因其安置一次仪器就可完成该测站上全部测量工作，所以称为全站仪。

全站仪具有角度测量、距离测量、三维坐标测量、导线测量、交会定点测量和放样测量等多种用途，广泛用于工程施工现场。本节简要介绍全站仪的坐标测量。

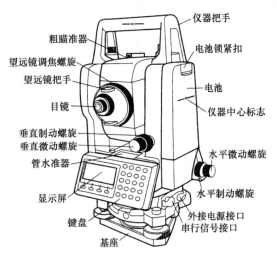

仪器把手
粗瞄准器
望远镜调焦螺旋
望远镜把手
目镜
垂直制动螺旋
垂直微动螺旋
管水准器
显示屏
键盘
基座

电池锁紧扣
电池
仪器中心标志
水平微动螺旋
水平制动螺旋
外接电源接口
串行信号接口

图 4-8　全站仪主机部件示意图

（1）全站仪

1）主机

目前国内流行的全站仪种类较多，但主机部件名称及其功能大同小异，图4-8为流行较广的全站仪主机部件示意图。

2）棱镜

电磁波测距是通过接受目标反射的测距信号实现测距功能的。有些用激光作载波的全站仪，可以利用目标的漫反射信号测距，不需要棱镜配合，称为免棱镜全站仪，这类仪器一般价格较贵，常用于特殊过程的测量。

（2）全站仪的使用

在图4-9中，A、B为已知控制点，P为待定点，测定P点坐标的作业流程如下。

1）安置仪器和棱镜：分别在A点安置全站仪、B点安置棱镜，在待定点P安置棱镜。仪器与棱镜安置包括对中和整平工作。

2）开机：按电源开关键开机。

3）输入已知点坐标及参数：利用翻页键使页面显示坐标测量模式，利用软功能键分别输入测站点A坐标和高程、定向点B坐标、仪器高、气象元素、P点棱镜常数、P点棱镜高等。

4）定向与检查：输入定向点B坐标后，盘左位置精确瞄准B点棱镜，

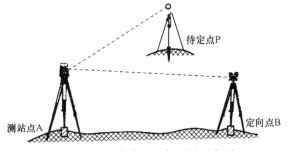

待定点P

测站点A　　　　　　　　　　　　定向点B

图 4-9　全站仪点位坐标测量示意图

然后轻按回车键，开始观测，显示屏显示 B 点实测坐标。检查实测坐标与 B 点的已知坐标是否一致，如果其差值满足精度要求，则定向工作完成。

5）观测：轻转照准部，精确瞄准 P 点棱镜。显示屏显示 P 点的平面坐标和高程，即 x、y、h。

上述盘左位置观测为半测回观测结果，为了防止错误、提高精度，还应该在盘右位置进行观测，即以 B 点为测站点、A 点为定向点。

4. 管道施工测量

（1）施工放样

在城镇供水管道施工中，大部分管道用钢尺即可对管道起点、终点、转向点及各管件等位置进行放样。即从路牙等给定的起始点开始，沿给定的方向和长度，用钢尺量测，定出水平距离的终点。同时对管道起点、终点、转向点及各管件等位置进行临时点选取，各临时点间距以 40m 为宜，沟槽开挖前对各临时点的地面标高进行复核，施工时只需用钢尺量取地面到槽底的距离，便可检查是否挖到管底设计高程。

在非城镇或钢尺难以测量的区域，测设放样点平面位置的方法通常有直角坐标法、极坐标法、角度坐标法、距离交会法等。因极坐标法只要通视、容易量距，安置一次仪器可测多个点位，效率高，适应范围广，精度均匀，没有误差积累，故本节主要介绍极坐标法的测设方法。

如图 4-10 所示，A、B 为已知平面控制点，其坐标值分别为 A（x_A，y_A），B（x_B，y_B），P、Q 为设计的管道起始点，设计坐标分别为 P（x_Q，y_Q）、Q（x_Q，y_Q），下面以测设 P 点为例说明测设方法。

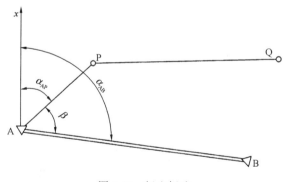

图 4-10 极坐标法

1）计算测设数据

① 计算 α_{AB} 和 α_{AP}

依据坐标反算公式有：

$$\alpha_{AP} = \arctan \frac{y_P - y_A}{x_P - x_A} \tag{4-5}$$

$$\alpha_{AB} = \arctan \frac{y_B - y_A}{x_B - x_A} \tag{4-6}$$

② 计算 AP 与 AB 之间的夹角

$$\beta = \alpha_{AB} - \alpha_{AP} \tag{4-7}$$

③ 计算 AP 间的水平距离

$$D_{AP} = \sqrt{(x_p - x_A)^2 + (y_p - y_A)^2} \tag{4-8}$$

2）点位测设方法

安置全站仪与 A 点，瞄准 B 点，按逆时针方向测设角，标定出 AP 方向。

沿 AP 方向自 A 点测设水平距离 D_{AP}，定出 P 点的位置。

用同样的方法测设 Q 点，待测设完毕后，可通过量取 PQ 的距离来检查测设的准确性。

全站仪坐标放样的本质是极坐标法，适合各类地形情况，而且精度高，操作简便，在实践中已被广泛采用。

（2）竣工测量

供水管道在施工过程中，经常会出现由于设计时没有考虑到的问题而使设计有限变更，使得设计图与竣工图一般不会完全一致，此时这种变更设计的情况必须通过测量反映到竣工图上，因此，施工结束后应及时编绘竣工图。

对于供水管道，应准确测量其起点、终点、转向点和各管件的坐标，以及沟槽和管顶等的高程。再将竣工测量结果用不同颜色的墨线绘在设计图上，并将其坐标和高程注在图上。随着施工的进展，逐渐在底图上都绘成墨线，即成为完整的竣工总平面图。

（三）土方量的计算平衡和调配

1. 土方量的计算

为编制施工方案，合理组织施工，确定堆土范围及土方平衡调配，施工前应先进行土方量的计算。

沟槽开挖土方量计算是采用断面计算法，即利用垂直于管线所取的若干平行开挖断面进行计算，所以叫断面法。计算时将沟槽分若干计算段，然后将各计算段土方量相加，求出全部土方量，计算步骤如下：

（1）划定计算地段（划分横断面）根据管线设计纵断面（或直接实测纵断面图）及管线构筑物的位置，将要计算地段划分横断面。

划分横断面原则：在管道起止点，沟槽坡度变化点，沟槽转折点，开挖断面形状变化点，地形起伏变化点等处，或以相邻两个检查井之间为一计算段，各断面之间距离可不等，一般情况下可用 10m 或 20m。地形变化复杂的间距宜小，反之宜大，在平坦地区可用大些，但最大不得大于 100m。

（2）画断面图形

沟槽开挖断面与自然地平线构成的图形。

（3）计算横断面面积

在一个开挖断面内，地势平坦，取管中心地面高程即可。横断面处地形起伏不定，将所取的每个断面划分若干三角形和梯形断面计算。

（4）计算每段土方量

$$V = (F_1 + F_2) \times 0.5L \tag{4-9}$$

式中　V——沟槽一个沟段土方量，m^2；

F_1、F_2——计算段两端断面面积，m^2；

　　　L——计算段长度，m。

　　基坑的土方量可按基坑的几何形状计算，回填的土方量应按设计地面标高确定回填的深度。

2. 土方量的汇总

　　利用土方量汇总表（表 4-2），将各段计算成果依次汇总累计起来，求出全计算段总的土方量。

土方量汇总表　　　　　　　　　　　　　　　　　　　　表 4-2

桩号	挖方面积	填方面积	距离	挖方数量	填方数量
总计					

3. 土方的平衡和调配

　　计算出土方的施工标高、挖填区面积、挖填区土方量并考虑各种变更因素（如土的松散率、压缩率、沉降量等）进行调整后，应对土方进行综合平衡与调配。土方平衡调配工作是土方规划设计的一项重要内容，其目的在于使土方运输量和土方运输成本为最低的条件下，确定填、挖方区土方的测配方向和数量，从而达到缩短工期和提高经济效益的目的。

　　进行土方平衡与调配，必须综合考虑工程和现场情况、进度要求、土方施工方法以及分期分批施工工程的土方平衡和调配问题，经过全面研究，确定平衡调配的原则之后。才可着手进行土方平衡与调配工作，如划分土方调配区、计算土方的平均运距、单位土方的运价、确定土方的最优调配方案。

　　（1）土方的平衡与调配原则

　　1）挖方与填方基本达到平衡，减少重复倒运。

　　2）挖（填）方量与运距的乘积之和尽可能为最小，即总土方运量或运输费用最小。

　　3）品质好的土方应用在回填密实度要求较高的地区，以避免出现质量问题。

　　4）取土和弃土应尽量不占农田或少占农田，弃土尽可能有规划地造田。

　　5）分区调配应与全场调配相协调，避免只顾局部平衡，任意挖填而破坏全局平衡。

　　6）调配应与地下构筑物的施工相结合，地下设施的填土，应留土后填。

　　7）选择恰当的调配方向、运输路线、施工顺序，避免土方运输出现对流和乱流现象，同时便于机具调配、机械化施工。

　　（2）土方平衡与调配的步骤及方法

　　土方平衡与调配需编制相应的土方调配图，其步骤如下：

　　1）划分调配区。在平面图上先划出挖填区的分界线，并在挖方区和填方区适当划出若干调配区，确定调配区的大小和位置。划分时应注意以下几点：

　　① 划分应与房屋和构筑物的平面位置相协调，并考虑开工顺序、分期施工顺序。

　　② 调配区大小应满足土方施工用主导机械的行驶操作尺寸要求。

　　③ 调配区范围应和土方工程量计算用的方格网相协调。一般可考虑就近借土和弃土，

此时一个借土区或一个弃土区可作为一个独立的调配区。

2）计算各调配区的土方量并标明在图上。

3）计算各挖、填方调配区之间的平均运距。

（四）沟 槽 开 挖

管道的安装在土方工程上有两种形式，一种是把管道置于原地面处，即不往下挖土，反而往上填土，如图4-11所示。工程上把这种形式的安装土方情况称为上埋式。

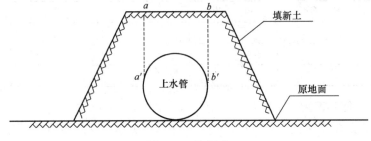

图4-11　上埋式

有一种就是我们通常遇到的从原地面往下挖出沟槽，将管子放入槽内安装完了后，将挖出的土还放槽内，并进行夯实，如图4-12所示。工程上把这种形式的安装土方情况称为下埋式。

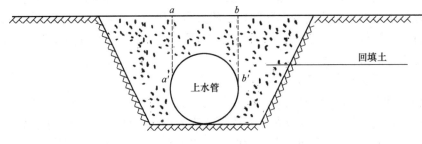

图4-12　下埋式

给水管道工程多为地下铺设管道，为铺设地下管道进行的土方开挖叫挖槽，为建筑物、构筑物开挖的坑叫基坑。管道工程挖槽是主要工序。其特点是：管线长，工作量大，劳动繁重，施工条件复杂。又因所开挖的土是一种天然物质，成分较为复杂，施工中常因水文地质、气候、施工地区等因素受到影响，因而一般较深的沟槽土壁常用挡土板或板桩支撑，当槽底位于地下水位以下时，需采取排水和降低地下水位的施工方法。沟槽开挖前进行现场坑探调查。

1. 现场坑探调查

（1）坑探调查的内容

沟槽开挖之前，必须弄清与施工相关的地下情况。根据图纸及提供有关的资料，采用现场开挖探坑的方法，查明其情况。

一般探坑的内容及工作程序与注意事项，参见表4-3。

探坑内容及工作程序与注意事项 表 4-3

探坑内容	工作程序与注意事项
无现场近期水文地质资料，但需要了解施工时地下水位及土质情况	1. 开挖探坑； 2. 观测水位； 3. 根据"土的野外鉴别法"确定土质
已有地下管道与施工管线有关或交叉，需要找到具体位置	1. 请管理单位代表在现场指出已有管线位置，估计其深度； 2. 在保证安全的前提下试挖
需要探明与施工有关的地下各种电缆的具体位置	1. 请管埋单位代表在现场指出电缆位置，估计埋深； 2. 根据具体情况，共同商定安全防护措施及开挖方法； 3. 在管理单位代表现场指挥下开挖探坑
对施工图上标出，与施工有关又找不到管理单位的地下管线需要确定有、无，找到其具体位置	1. 根据管线的类别，可参考同类管线的安全防护措施和开挖方法； 2. 探明有管线后，根据类别，找其管理单位核实，否则登报声明处理

注：1. 开挖深坑时应尽量避免和减小对管线地基的破坏。

2. 开挖前须得到规划部门、地质勘探部门的详细资料，或可能有关的各单位（如供电、电信、广播、军事等可能有地下设施的单位）会审，以保证探坑开挖过程中的安全。

（2）与已建成管道、构筑物衔接的坑探

施工工程如与已建成的管道、构筑物衔接，必须在挖槽之前，对其平面位置和高程进行校对，必要时开挖探坑核实，若与施工图及有关资料提供的位置和高程不符时，应及时通知设计人员进行变更调整。

1）沟槽的开拓断面

管道施工沟槽的开挖断面，是指垂直于管道中心线方向开挖的形状及尺寸，叫槽断面（图 4-13）。

沟槽的开挖断面应考虑管道结构的施工方便，确保工程质量和安全，具有一定强度和稳定性。同时也应考虑尽量少挖方，少占地，经济合理的原则。在了解开挖地段的土壤性质及地下水位情况下，可结合管径大小，埋管深度，施工季节，地下构筑物情况，施工现场及沟槽附近地上、地下构筑物的位置因素来选择开挖方法，并合理地确定沟槽开挖断面。

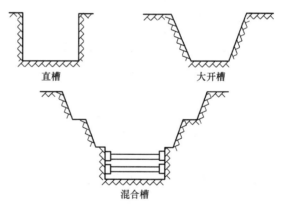

图 4-13 沟槽开挖断面示意图

2）开挖断面的形式

挖槽断面基本上可分为直槽、大开槽及混合槽三种形式，如图 4-13 所示。

① 直槽

直槽即槽邦边坡基本为直坡（高：宽<0.05 的开挖断面），直槽一般都用于工期短、深度较浅的小管径工程。如地下水位低于槽底，在天然湿度的土中开挖沟槽，直槽深度不超过 1.5m。在地下水位以下采用直槽时则需考虑支撑。

② 大开槽

大开槽即槽邦具有一定坡度的开挖断面，开挖断面槽邦放坡，不用支撑。槽底如在地下水位以下，目前多采用人工降低水位的施工方法，减少支撑。采用此种大开槽断面，土质好（如黏土、粉质黏土）时，可直接在地下水位以下的槽底挖成排水沟，进行表面排水，保证其槽邦土壤的稳定。大开槽断面是应用较多的一种形式，尤其适用于机械开挖的施工方法。

③ 混合槽

混合槽即由直槽与大开槽组合，混合而成的多层开挖断面。较深的沟槽宜采用此种混合槽分层开挖断面，混合槽一般多为深槽施工。采取混合槽施工时上部槽尽可能采用机械施工开挖，下部槽的开挖常需同时考虑采用排水及支撑的施工措施。

沟槽的开挖，防止地面水流入坑内冲刷边坡，造成塌方和破坏基土，上部应有排水措施。对于较大的井室基槽的开挖，应先进行测量定位，抄平放线，定出开挖宽度，按放线分层挖土。根据土质和水文情况，采取在四侧或两侧直立开挖和放坡，以保证施工操作安全。放坡后基槽上口宽度由基础底面宽度及边坡坡度来决定，坑底宽度每边应比基础宽出15～30cm，以便于施工操作。

3）断面尺寸及对控方的要求

① 挖深

挖深指沟槽的深度，是由管线埋设深度而定，槽深影响着断面形式及施工方法的选择。较深的沟槽，宜分层开挖，每层槽的深度，人工开挖时以2m为宜，机械挖槽根据机械性能而定，一般不超过6m。每当地下水低于槽底时，采用直槽施工，不用支撑，但槽深不得超过表4-4所列。

直槽开挖限制深度 表4-4

土质情况	最大挖深（m）
粉土和砂砾土	1.0
砂质粉土和粉质黏土	1.25
黏土	1.5

② 底宽

底宽指沟槽的底部的开挖宽度，如沟槽采用支撑时，肩宽指撑板间的净宽，槽底宽度应满足管沟的施工要求，由管沟的结构宽度加上两侧工作宽度构成。管道结构一侧工作宽度可按表4-5中规定选用，表的选用应符合现行国家标准《给水排水管道工程施工及验收规范》GB 50268的规定。

管道结构一侧工作面宽度 表4-5

管道结构的外缘宽度 D_1（mm）	管道一侧的工作面宽度（m）	
	金属管道	非金属管道
$D_1 \leqslant 500$	0.3	0.4
$500 < D_1 \leqslant 1000$	0.4	0.5
$1000 < D_1 \leqslant 1500$	0.6	0.6
$1500 < D_1 \leqslant 3000$	0.8	0.8

（3）槽邦坡度

槽邦坡度应根据土壤的种类、施工方法、槽深等因素考虑。如土壤为粉土，因粉土颗粒之间的粘结力较小，槽邦坡度应比较缓和。黏土土壤由于颗粒之间粘结力比较大，则槽邦坡度选用较陡些。另外土壤含水量大小对槽坡也有影响，当土壤含水量大时，土颗粒间产生润滑作用，致使黏性土颗粒间的黏聚力减弱，或使粉土颗粒间的摩擦力减弱，容易造成槽邦坍塌，则应留有较缓的坡度。当采用机械挖土时，槽邦上部荷载过大，土体会在压力下产生移动，因此应考虑或经过槽坡土壤稳定的计算，选择安全施工坡度。

槽邦坡度用于大开槽的开挖断面，是按临时性土方工程施工考虑的，因此在选用不同的边坡时，应考虑施工工期及施工季节的影响，槽邦坡度参照表4-6、表4-7选用。

人工开挖大开槽的槽邦坡度　　　　　　　　　　　　表 4-6

土壤类别	槽邦坡度（高：宽）	
	槽深（3m）	槽深（3～5m）
粉土	1：0.75	1：1.0
砂质粉土	1：0.50	1：0.67
粉质黏土	1：0.33	1：0.50
黏土	1：0.25	1：0.33
干黄土	1：0.20	1：0.25

机械开挖大开槽的槽邦坡度　　　　　　　　　　　　表 4-7

土壤类别	槽邦坡度（高：宽）	
	在沟底挖土	在沟边上挖土
粉土	1：0.75	1：1.0
砂质粉土	1：0.50	1：0.75
粉质黏土	1：0.33	1：0.75
黏土	1：0.25	1：0.67
干黄土	1：0.10	1：0.33

（4）层间留台

人工开挖多层槽的层间应留台阶，便于开挖时人工往上倒土，台阶宽度大开槽与直槽之间一般不小于0.8m，直槽与直槽之间应留0.3～0.5m。

（5）槽边堆土

槽边堆土指堆放在沟槽附近一侧或两侧的土方。

在沟槽开挖之前，应根据施工环境、施工季节和作业方式，制定安全、易行、经济合理的堆土、弃土、回运土的施工方案及措施。

1）沟槽上堆土（一般土质）

①堆土的坡脚距槽边1m以外。

②留出运输道路、井点、干管位置及排管的足够宽度。

③在适当的距离要留出运输交通路口。

④堆土高度不宜超过2m。

⑤ 堆土坡度不陡于自然休止角。

2）挖运堆土

① 弃土和回运土分开堆放。

② 好土回运，便于装车运行。

3）城镇市区开槽时的堆土

① 路面、流土与下层好土分别堆放，堆土要整齐，便于路面回收利用及保证市容整洁。

② 合理安排交通、车辆、行人路线，保证交通安全。

③ 不得埋压消火栓、雨水口、测量标志及各种市政设施，各种地下管道的井室井盖及建筑材料等。

④ 消火栓及测量标志周围（5m之内）不得堆土，且须保留有足够的交通道路。

4）靠近建筑物和墙堆土

① 须对土压力与墙体结构承载力进行核算。

② 一般较坚实的砌体，房屋堆土高度不超过檐高的1/3，同时不超过1.5m。

③ 严禁靠近危险房和危险墙堆土。

5）农田里开槽时的堆土

① 表层土与下层生土分开堆置。

② 要方便原土层回填时的装取和运输。

6）高压线和变压器附近堆土

① 一般尽量避免在高压线下堆土，如必须堆土应事先会同供电部门及有关单位勘查确定堆土方案。

② 要考虑堆、取土机械及行人攀援、高压线类的安全因素。

③ 要考虑雨、雪天的安全因素。

④ 按供电部门的有关规定办理。

7）雨期堆土

① 不得切断或堵塞原有排水路线。

② 防止外水进入沟槽，堆土缺口应加全闭合防汛埝。

③ 向槽一侧的推土面，应铲平，拍实，避免雨水冲塌。

④ 在暴雨季节堆土，内侧应挖排水沟，汇集雨水引向槽外。

⑤ 雨期施工不宜靠近房屋和靠近墙壁堆土。

8）冬期堆土

① 应集中、大堆堆土。

② 应便于从向阳面取土。

③ 应便于防风，防冻保湿。

④ 应选在干燥地面处。

2. 沟槽开挖施工方法

沟槽开挖有人工挖土和机械挖土两种施工方法。

（1）人工挖土

在小管径、土方量少，或施工现场狭窄、地下障碍物多，不易采用机械挖土时，或深槽作业，底槽需支撑无法采用机械挖土时，通常采用人工挖土。

人工挖土使用的主要工具为铁锹、镐，主要施工工序为放线、开挖、修坡、清底等。

沟槽开挖须按开挖断面先求出中心到槽口边线距离，并按此在施工现场施放开挖边线，槽深在 2m 以内的沟槽，人工挖土与沟槽内出土结合在一起进行。较深的沟槽，分层开挖，每层开挖深度一般在 2～2.3m 为宜，在开挖过程中应控制开挖断面将槽邦边坡挖出，槽邦边坡应不超过规定坡度，检查时可用坡度尺检验，外观检查不得有亏损、鼓肚现象，表面应平顺。

槽底土壤严禁扰动，槽底原状土如被扰动后，在管道荷载作用下，将产生不均匀下沉，直接影响管道寿命。因而挖槽在接近槽底时，要加强测量，注意清底，不要超挖。如果发生超挖，应按规定要求进行回填，槽底座保持平整，槽底高程及槽底中心每侧宽度均应符合设计要求。

沟槽在开挖时应注意施工安全，操作人员应有足够的安全施工工作面，防止铁锹、镐碰伤，槽邦上有石块碎砖应清走，原沟槽每隔 50m 设一梯子，上下沟槽应走梯子，槽下作业应戴安全帽。当在深沟内挖土清底时，沟上要有专人监护，注意沟壁的完好，确保作业的安全，防止沟壁塌方伤人。每日上下班前，应检查沟槽有无裂缝、坍塌等现象。

（2）机械挖土

机械挖土目前使用的机械主要有推土机、单斗挖土机（包括反铲、正铲、拉铲、抓铲）、多斗挖土机、装载机等。机械挖土的特点是效率高、速度快、占用工期少，为了充分发挥机械施工的特点，提高机械利用率，保证安全生产，施工前的准备工作应做细。并合理选择施工机械，沟槽（基坑）的开挖方法，多是采用机械开挖，人工清底的施工方法。

1）机械控槽，应保证槽底土壤不被扰动和破坏，一般来说机械不可能准确地将槽底按规定高程整平，设计槽底以上宜留 20cm 左右不挖，用人工清挖的施工方法。

2）采用机械挖槽时，应向司机详细交底，交底内容一般包括挖槽断面（深度、槽邦、坡度、宽度）的尺寸、堆土位置、电线高度、地下电缆、地下构筑物及施工要求，并根据情况会同机械操作人员，制定安全生产措施后，方可进行施工。机械司机进入施工现场，应听从现场指挥人员的指挥，对现场涉及机械、人员安全情况应及时提出意见，妥善解决，确保安全。

3）指定专人与司机配合，保质保量，安全生产，其配合人员应熟悉机械挖土有关安全操作规程，掌握沟槽开挖断面尺寸，算出应挖深度，及时测量槽底高程和宽度，防止超挖和亏挖，经常查看沟槽有无裂缝、坍塌迹象，注意机械工作安全，挖掘前当机械司机施放喇叭信号后，其他人员应离开工作区，维护施工现场安全。工作结束后指引机械开到安全地带，当指引机械工作和行动时，注意上空线路及用车安全。

4）配合机械作业的土方辅助人员，如清底时，平地、修坡人员应在机械的回转半径以外操作，若必须在半径以内工作时，如拨动石块的人员，则应在机械运转停止后才可以进入操作区，机上机下应彼此密切配合，当机械回转半径内有人时，应严禁开动机器。

5）单斗挖土机不得在架空输电线路下工作，如在架空线路一侧工作时，与线路的安全距离（垂直、水平）不小于表 4-8 的规定。

挖土机操作与架空线的安全距离 表 4-8

输电线路电压（kV）	垂直安全距离（m）	水平安全距离（m）
<1	1.5	1.5
1～20	1.5	2.0
35～100	2.5	4.0
154	2.5	5.0
220	2.5	6.0

6）禁止用单斗挖土机去破碎冻土块和石块，一般使用挖土机施工时，其回转半径内不应有障碍物，如现场客观情况不能满足时，应制定严格的安全措施后方可施工。

7）在有地下电缆附近工作时，必须查清地下电缆的走向并做好明显的标志，采用挖土机挖土时应严格保持在 1m 以外距离工作。其他各类管线，也应查清走向，开挖断面应在管线外保持一定距离，一般以 0.5～1m 为宜。

无论是人工挖土还是机械挖土，管沟应以设计管底标高为依据。要在整个施工期间，确保沟底土不被扰动，不被水浸泡，不受冰冻，不遭污染。在无地下水时，挖至规定标高以上 5～10cm 即可停挖。当有地下水时，则挖至规定标高以上 10～15cm，待下管前清底。倘若挖土与下管两工序之间配合得很紧密时，上述规定是可以灵活掌握的。

挖土不容许超过规定高程，若局部超深应认真进行人工处理，当超深在 15cm 之内又无地下水时，可用原状土回填夯实，其密实度不应低于 95%。当沟底有地下水或沟底土层含水量较大时，可用砂夹石回填。

3. 沟槽开挖季节性施工

（1）雨期施工

1）雨期施工，尽量缩短开槽长度，速战速决。

2）雨期挖槽时，应充分考虑由于挖槽和堆土，破坏了原有排水系统后，防止雨水浸泡房屋和淹没农田及道路，做好排除雨水的排水设施和系统。

3）雨期挖槽应采取措施，防止雨水倒灌沟槽，为防止雨水进入沟槽，一般采取如下措施：在沟槽四周的堆土缺口，如运料口、下管道口、便桥桥头等，堆叠挡土，使其闭合，构成一道防线，在堆土向槽的一侧，应拍实，避免雨水冲塌，并挖排水沟，将汇集的雨水引向槽外。

4）雨期挖槽时，往往由于特殊需要，或暴雨雨量集中时，还应考虑有计划地将雨水引入槽内，宜每 30m 左右做一泄水簸箕口，以免冲刷槽邦，同时还应采取防止塌槽、漂管等措施。

5）为防止槽底土壤扰动，挖槽见底后应立即进行下一工序，否则槽底以上宜暂留 20cm 不挖，作为保护层。

6）雨期施工不宜靠近房屋、墙壁堆土。

（2）冬期施工

1）冬期施工开挖冻土方法，常用人工挖冻土法和机械挖冻土法。

人工挖冻土法，系用人工使用大锤打铁楔子将铁模打入冻土层中，将冻结硬壳打开。开挖冻土时应制定必要的安全措施，严禁掏洞挖土。

机械挖冻土法，当冻结深度在 25cm 以内时，使用一般中型挖土机挖掘，冻结深度在 40cm 以上时，可在推土机后面装上松土器将冻土层豁开。

2）防冻措施，常用松土防冻法和覆盖保温材料方法。松土防冻法，在开挖沟槽每日收工前，不论沟槽是否见底，预留一层翻松土壤防冻。保温材料防冻法，系在需挖土方或已挖完的土方沟槽上覆盖草垫、草帘子等保温材料，以使土基不受冻。

（五）沟　壁　支　撑

1. 支撑结构的重要性与应用范围

支撑结构的作用是在基槽（坑）挖土期间挡土、挡水，保证基槽开挖和基础结构施工能安全、顺利地进行，并在基础施工期间不对邻近的建筑物、道路和地下管线等产生危害。

支撑结构一般是临时性结构，管道、基础施工完毕即失去作用。一些支撑结构（如钢板桩、型钢支柱木桩板、工具式支撑等）可以回收重复利用，也有一些支撑结构（如灌注桩、水泥土桩、混凝土板桩）就永久埋在地下。

支撑结构为起到上述作用，必须在强度、稳定性和变形等方面都满足要求。在沟槽开挖施工中，由于各种条件及原因，必须采用适当的方法对沟槽进行支撑，使槽底不致坍塌，以便进行施工。采用支撑的条件：

（1）施工现场狭窄而沟槽土质较差，深度较大时。

（2）开挖直槽，土层为地下水较多，槽深超过 1.5m，并采用表面排水方法时。

（3）沟槽土质松软有坍塌的可能，或需晾槽时间较长时，应根据具体情况考虑支撑。

（4）沟槽槽边于地上建筑物的距离小于槽深时，应根据情况考虑支撑。

（5）构筑物的基坑，施工操作工作坑，为减少占地范围内采用临时的基坑维护措施，如顶管工作坑内支撑，基坑的护壁支撑等。

2. 沟槽支撑的结构形式

（1）支撑的结构形式

1）横撑

撑板（挡土板）水平放置，然后沟两侧同时对称竖立方木（立木）再以撑木顶牢。横撑用于土质较好、地下水量较少处，横撑安设容易，但拆除时不大安全。

2）竖撑

撑板（挡土板）垂直立放，然后每侧上下各放置方木（横木），再用撑木顶牢，竖撑用于土质较差，地下水较多或有流砂的情况。

横撑、竖撑根据所使用的材料可分为：木板撑、钢木混合的木板工字钢撑等形式。

3）板桩支撑

将板桩垂直打入槽底一定深度增加支撑强度，抵抗土压力，防止地下水及松土渗入，起到围栏作用，板桩多用于地下水严重，并有流砂的情况，板桩根据所用材料可分为木板桩、钢板桩以及钢筋混凝土板桩。

4）横板柱桩撑

挡土板（撑板）水平横放钉在柱状内侧，将柱桩一段打入土中，柱桩外侧用斜桩支撑，或柱桩用拉杆与远处锚桩拉紧。横板柱桩多用于开挖较大基坑而不能支撑时，或用于槽壁坍塌临时处理的情况。

5）坡脚挡土墙支撑

当开挖宽度大的沟槽或基坑，部分地段下部放坡不足或槽底采用明沟排水坡脚被冲刷可能造成坍塌时采取，常在坡脚处用草袋子装土垒砌和搭设短桩用横板支撑。

6）地下连续墙

在地面上用一种特殊的挖槽设备，沿着深开挖槽坑的周边，在泥浆护壁的情况下开挖一条狭长的深槽（0.8～1.0m 宽，深度可达 20～30m）在槽内放置钢筋笼灌注混凝土，筑成一条地下连续的墙壁，供截水防渗、挡土和承重用。地下连续墙技术可使新建的工程构筑物在距原构筑物十分临近处的地基不受破坏，不产生附加沉降。

地下连续墙既能挡土，又能挡水，且结构刚度大、变形小，于地下水位高的软土地基地区，施工深度大且邻近的建（构）筑物、道路和地下管线相距甚近时，往往是优先考虑的支护挡墙方案。地下连续墙单纯用作支护挡墙，费用较高，可能是支护挡墙中费用最高的，如能与地下结构结合应用，即施工后成为地下结构的一个组成部分，则较为理想。

地下连续墙施工法，因成槽机具与成槽方法不同，有多种施工方法，有抓斗式、旋转式切削多头钻式、冲击式，还可利用螺旋钻机钻孔组成排桩式连墙。

（2）支撑的形式和结构应满足下列要求

1）支撑的材料应结实，杆件及其组成结构应有足够强度，支撑各部连结牢固。

2）节约材料。

3）支撑构造不应对以后施工造成不便。

4）支搭、拆除施工操作简便，安全可靠。

（3）木板支撑

以木材作为主要支撑材料，以木板作为撑板（挡土板）的结构形式，是应用较早的一种支撑方法，也是最基本的支撑方法，施工时不需任何机械设备，因而应用较广，施工操作简便，因耗用大量木材，现逐渐被其他支撑方法所代替，但目前还是工地上经常使用的一种主要支撑方法。

支撑由横撑、垂直或水平垫板、水平或垂直撑板等组成。

横撑是支撑架中的撑杆，横撑的长度和沟槽宽度有关，在木材供应条件许可的情况下，用圆木（直径大于 10cm）和方木（断面尺寸为 15cm×5cm），在现场锯成和沟宽相应的长度。在横撑两端下方垫托木并用铁扒钉固位。

撑板是指同沟壁接触的支护构件，按安设的方法不同，分水平撑板及垂直撑板。作为水平撑板，为了敷管时临时拆除局部横撑的需要，它的长度应大于 5～6m，采用木料时的板厚达 5cm。垂直撑板的长度比沟槽的深度略长，所用材料类别及尺寸同撑板水平。作为木质企口板桩时，板厚为 6.5～7.5cm。

垫板是指横撑和撑板之间的传力构件，垫板按安设的方法不同，分水平垫板和垂直垫板。水平垫板和垂直撑板配套使用，垂直垫板和水平撑板配套使用，垫板的长度约同相似撑板的要求。

木板撑的主要结构形式及选用：

局部加固：单板撑；

连续横撑：井字撑、稀撑、横板密撑；

连续竖撑：立板密撑、企口板桩。

1）单板撑

一块立板紧贴槽边，撑木撑在立板上，作为单独体，起局部支撑加固土壤作用（图4-14）。

用于槽深1.5～2m，土质良好，地下水位低，不在雨期施工时采用，有时也常用于槽上有地上建筑物，或局部土质不好，进行加固土壤之处。

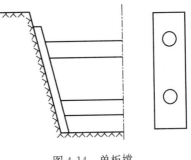

图4-14 单板撑

2）井字撑

两块横板紧贴槽邦，两块立板紧靠的横板上撑木撑在立板上（图4-15）。

3）稀撑

三至五块横板紧贴槽邦，用方柱靠在横板上，用撑木支在方木上（图4-16）。

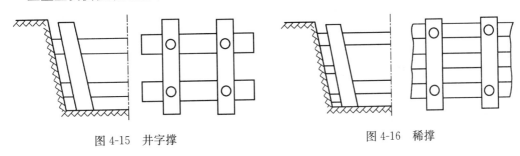

图4-15 井字撑   图4-16 稀撑

稀撑用于黏土、粉质黏土地段，地下水位不高，非雨期施工槽深超过5m的混合槽处使用，当直槽部分在粉土地段的混合槽时，直槽应是在地下水位以上部分。

4）横板密撑

基本同于稀撑，但横板为密排，紧贴槽邦，用方木靠在横板上，再用撑木撑在方木上（图4-17）。

5）立板密撑

立板连续排列，紧贴槽邦，沿沟线用两根方木靠在立板上，用撑木撑在横方木上（图4-18）。横板密撑、立板密撑均属密撑，但在材料许可时，应先选用立板密撑，密撑可用于粉土、炉渣土地段，虽然地下水位高但透水性不良，且直槽深度不超过3m时使用，还可用于粉土、炉渣土地段混合槽的直槽部分，超过4m又在雨期施工或松动土壤情况下，其下部直槽尽量采用立板撑，如槽邦有坍塌情况不得使用横板密撑，因拆除时不安全。另外在汽车便桥下的沟槽多用密撑。

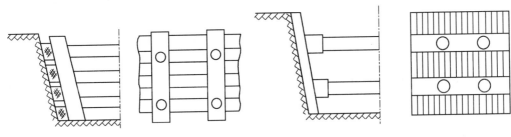

图4-17 横板密撑   图4-18 立板密撑

6）企口板桩

用企口板桩沿线连续排列，撑板与撞板相接处做成企口，并在支撑时打入土中，支撑方法基本和立板密撑相同。由于撑板之间增加水封作用，因而企口板桩用于细砂、粉砂地段，地下水位高于槽底，会产生流砂现象的沟槽采用。

（4）工字钢柱木撑板

以钢代木，充分利用工字钢的构造及力学特性，用工字钢作为立柱，中间夹放木板作为挡土板的一种钢木混合结构。

施工方法：在沟槽开挖前，先将工字钢打入地下，作为支撑立柱。工字钢打入地下施工方法有两种，一种是用螺旋钻孔机往下钻孔。这种方法是通过钻杆转动钻头，螺旋钻头削土，被切土块随钻头旋转，沿着螺旋叶片上升推出孔外，这种螺旋钻孔机适用于一般均质黏性土，成孔径为 300～400mm，成孔深度 7～8m，成孔后将工字钢垂直放入即可。

另一种方法是打桩机将工字钢直接打入地下，打桩机可用落锤、汽锤，或振动沉桩锤。可根据打入工字钢长度换用桩架。由于工字钢直接打入土中，所以适用于多种土壤及有地下水的情况。

（5）钢板撑

钢板撑是将板桩垂直打入槽底下一定深度，增加支撑强度并可防止地下水渗入。目前常用的钢板桩为槽钢、工字钢或用特制的钢板桩。

在各种支撑中，钢板撑是安全度最高的支撑。因此在弱饱和土层中，经常采用钢板撑。

（6）支撑须知（表 4-9）

支撑的选用表　　　　　　　　表 4-9

项目	黏土、粉质黏土紧密回填		粉砂、砂质黏土回填		粉土、砾石、炉渣土回填	
	无水	有水	无水	有水	无水	有水
第一层支撑直槽	单板撑或井撑	稀撑	稀撑	立板密撑或板桩	稀撑	密撑
第二层支撑直槽	稀撑	稀撑	稀撑或密撑	立板密撑或板桩	立板密撑	立板密撑或板桩

1）支撑作业应符合以下要求：

① 支撑的沟槽应随开挖及时支撑。雨期施工不得空槽过夜。

② 沟壁铲除平整，撑板均匀地紧贴沟壁。

③ 横撑、垫板、撑板必须互相贴紧靠牢。采用木料支撑时，横撑支在垂直垫板上，横撑端下方应钉托木。在水平垫板上，横撑应用铁扒钉与水平垫板钉牢，且横撑端头下方亦钉托木。

④ 横撑的支撑位置，应考虑下步工序的方便，安管时尽量不倒撑或少倒撑。

⑤ 横撑顺沟槽方向的间距一般为 1.5m 左右。

⑥ 横撑应尽量使用支撑调节器，减少木材消耗。若用方圆木作横撑时，撑木长度比支撑未打紧前的空间长 2～6cm 为宜。如横撑稍短时，可在端头加木衬板并钉牢。

⑦ 采用水平撑板密撑时，如一次挖至沟底再支撑有危险，往往挖至一半深度先行初

步支撑，见底后再倒撑。

⑧ 沟槽支撑应经常检查，发现横撑木弯曲、松动、劈裂的迹象时，应及时加固或更换撑木，每次雨后及春季化冻应加强检查，对施工便桥下的支撑，应注意加固。支撑调节器松动了应及时旋紧，以免掉下伤人。

⑨ 上下沟槽应设立安全梯子，严禁攀登横撑。

⑩ 在软土和其他不稳定土层中采用撑板支撑时，开始支撑的开挖沟槽深度不得超过1.0m。以后，挖槽与支撑交替进行。每次交替的深度宜为 0.6～0.8m。

用于支搭翻土板的撑木必须严格进行加固。翻土板要敷设平稳，有探头时，必须钉牢。

立板密撑或企口板桩，其撑木长度超过 4m 时应考虑加斜撑。

劈裂、槽朽的木料不得作为支撑材料。

2）拆除支撑作业时的注意事项：

① 拆撑前仔细检查沟槽两侧的建筑物、电杆及其他外露管道是否安全，必要时进行加固。

② 采用排水井的排水的沟槽，将从两座排水井的分水岭向两端延伸拆除。

③ 多层支撑的沟槽，应按自下而上的顺序逐层拆除，必须等下层槽拆撑填土完成后，再拆除其上层槽的支撑。

④ 立板密撑或板桩，一般先填土至下层横撑底面，再拆除下面横撑，然后还土至半槽，拆除上层横撑，拔出木板或板桩。

⑤ 水平撑板的密撑或稀撑，一次拆撑有危险时，必须进行倒撑，另用横撑将上半槽撑好后，再拆原有横撑及下半槽撑板。下半槽还土后，再拆上半槽的支撑。

⑥ 如拆撑确有困难或拆撑后可能影响附近建筑物的安全时，应研究采取妥善的措施。

五、管材管件

（一）管材、管件及设备

1. 管材

（1）选用管材的基本原则

1）能承受所需的内压；

2）具备一定的抗外荷载能力；

3）长期输水后，内壁光滑，能保持相当好的输水能力；

4）和水接触不产生有毒物；

5）安装方便，维修简单；

6）耐腐蚀，使用年限长；

7）造价低。

选用时除应考虑上述条件外，还应根据不同地区的特点和供应运输等条件综合比较。

（2）选用新型管材的基本原则

1）安全可靠性：管材本身的承压能力，管件连接方式的可靠性，使用寿命。

2）卫生型：保障饮水质量不受污染。

3）经济性：根据建筑物的类别、高度、使用条件、热水还是冷水、明装还是暗装等因素综合考虑，在有条件或用途上有特别要求时才考虑用不锈钢管或薄壁紫铜管；目前来看，钢塑复合管比较适合当前国情，支管可采用铝塑复合管、PPR 管等均可。

4）可持续发展与环保性：不可回收、环境污染。

（3）管材的种类

根据选用管材的基本原则，目前常用的管材有球墨铸铁管、钢管、塑料管、混凝土制品管等。

1）球墨铸铁管

① 球墨铸铁管具有强度高、伸长率高，且硬度低、机械加工性能好等特点，其耐腐蚀性能优于钢管，与普通铸铁管不相上下，已得到广泛的认同。球墨铸铁管由于电阻较大，并且采用橡胶圈密封，具有绝缘作用，故不易产生电腐蚀。水泥砂浆内衬可以提高球墨铸铁管的耐腐蚀性能，同时起到保护水质的作用。

② 球墨铸铁管采用优质低硫、低磷生铁，经过球化处理、离心浇铸后制成，具有良好的韧性、耐冲击及震动性能和优越的耐腐蚀性，是一种高质量的理想管道材料。球墨铸铁管沿轴线允许的接转角为 3°～5°，具有良好的密封性和可挠性，减少漏水概率。施工安

装方便，大大减轻了铺管劳动强度。球墨铸铁管管壁比普通铸铁管薄，其重量约为后者的60％。球墨铸铁管可用自爬式液压切管机、手动式砂轮切割机、等离子切盖工艺裁切。

③ 球墨铸铁管标准壁厚

球墨铸铁管的标准壁厚根据公称直径 DN 的函数来计算：

$$e = K(0.5 + 0.001DN) \tag{5-1}$$

式中　e——标准壁厚，mm；

$\quad\quad DN$——公称直径，mm；

$\quad\quad K$——壁厚级别系数，取一系列整数：9、10、11、12 等。

离心球墨铸铁管最小标准壁厚为 6mm，非离心球墨铸铁管的最小标准壁厚为 7mm。管壁厚级别系数 K 应在合同中注明，凡合同中不注明的均按照 $K9$ 级供货。

④ 球墨铸铁管管节及管件的规格、尺寸公差、性能应符合国家有关标准的规定和设计要求，管节及管件表面不得有裂纹，不得有妨碍使用的凹凸不平的缺陷；采用橡胶圈柔性接口的球墨铸铁管，承口的内工作面和插口的外工作面应光滑、轮廓清晰，不得有影响接口密封性的缺陷。

⑤ 球墨铸铁管按照接口形式可分为滑入式柔性接口（如 T 型）、机械柔性接口（如 K 型）、自锚接口、法兰接口等形式。T 型承插连接：适用于球墨铸铁管管节与管节、口径 ≤300mm 管节与管件、口径 ≤300mm 管件与管件之间的连接，其方法是通过承口与插口相互对胶圈进行挤压达到止水作用；K 型机械连接：用于球墨铸铁管口径 ≥400mm 管件与管节、口径 ≥400mm 管件与管件之间的连接。

⑥ 球墨铸铁管与灰铁管的不同是对原铁成分的严格精选，然后在熔化了的铁水中加入镁和镁合金等碱土金属，使铁中石墨呈球状存在，结果使其抗拉、抗弯拉强度大大提高（抗拉强度 >4.2MPa，弯拉极限 >6MPa），这个数值与钢的强度几乎相等。可见球墨铸铁管在强度上具有钢的性能。在压环试验中将压环的直径压扁到直径的 50％时，环两侧管壁上都不会发生裂纹，由此可见球墨铸铁管还具有很好的韧性，总之球墨铸铁管除具备了灰口铸铁管所有的如抗腐蚀、易加工等优点之外，还具有很好的延伸率，且管壁厚度只有灰口铸铁管的 2/3，因此可大量节省钢铁及能源。国际上许多国家如美国、日本、法国、德国等都大量采用，我国自 20 世纪 70 年代也开始制造使用球墨铸铁管用于输配水管道工程，而且逐年发展，北京自密云水库向怀柔引水全长 45km，就使用了 $DN2600$ 球墨铸铁管，自 1996 年投产至今一直运行正常。

2）钢管

钢管能耐高压，普通级的钢管试验压力、工作压力都较高，远远超过灰口铸铁管规定的数值，也超过球墨铸铁管的规定数值。

钢管在我国得到大量应用，尤其在穿越障碍、工作压力较高等条件下更为普及。目前，我国钢管生产技术成熟、质量安全可靠、故障率较低，但耐腐蚀性差、造价高，须做管内外壁的防腐。钢管是目前管道施工中常用的管材，优点是强度高、耐高压、韧性好、管壁薄、重量轻、运输方便、管身长、接口少、耐振动，管材长度可根据现场需要一次焊接组装完成。比如架桥管、定向钻、沉管等施工中，只要有足够吊装或顶、拖机械设备，一次性安装长度可达到数百米。

制造钢管所用的钢板有镇静钢和沸腾钢两种，前者是在浇筑钢锭前先进行脱氧，因此它的机械性能、韧性、焊接性、低温状态下的稳定性都较后者为优，输水干管采用镇静钢，选用钢材时要加以注意。钢材由"Q＋数字＋质量等级符号＋脱氧方法符号"组成。它的钢号冠以"Q"，代表钢材的屈服点，后面的数字表示屈服点数值，单位是"MPa"。例如 Q235B 表示屈服点为 235MPa 的碳素结构钢。必要时钢号后面可标出表示质量等级和脱氧方法的符号。质量等级符号分别为 A、B、C、D。脱氧方法符号：F 表示滤腾钢，B 表示半镇静钢，Z 表示镇静钢，TZ 表示特殊镇静钢，镇静钢可不标符号，即 Z 和 TZ 都可不标。

钢管可分为无缝钢管和有缝钢管（焊接成型），在有缝钢管中又分直缝焊接和螺旋卷焊焊接，给水管道上使用的一般是直缝焊接钢管，至于螺旋卷焊的钢管，虽然在工厂中可大量生产，但因其焊缝多，在防腐层施工中不好处理，且焊缝多不宜断管施工，故较少采用。无缝钢管常使用在建筑给水的管线上，安装位置均在建筑主体内部，如室内管廊井、地下室、地下车库和设备层内。

钢管管节的材料、规格、压力等级等应符合国家有关标准规定和设计要求，管节宜工厂预制，表面应无斑疤、裂纹、严重锈蚀等缺陷；焊缝外观质量应符合国家有关标准规定和设计要求，焊缝无损应检验合格。

钢管连接方法有焊接、法兰连接、螺纹连接和卡套式连接四种，焊接又分电焊和气焊。施工现场多采用手工电弧焊焊接，气焊适用于外径小于或等于 50mm、壁厚小于 3.5mm 的碳素钢管。焊接的优点是接头强度大、严密性高、接口牢固耐久、不易渗透、三年性能可靠；缺点是接口固定、不易拆卸、焊接工艺要求高，必须由受过专门训练的焊工进行施工。

3）塑料管

塑料管从材质来分有聚氯乙烯管（UPVC）、聚乙烯管（PE）和三型聚丙烯管（PPR）三大类，目前，聚乙烯管和三型聚丙烯管在给水管道中较为常用。

① 聚乙烯管

聚乙烯管限定要用符合食品级的材料作为制管原料，PE 管在外形上有软硬之分，软管是用高压聚乙烯原料制成的，而硬管是用低压聚乙烯制成的，应注意所谓高、低压是原料制作工艺过程的区别，而不是耐水压的概念。给水中应用比较广泛的是聚乙烯给水管，即给水 PE 管。与其他管材相比，PE 管有以下优点：

A. 使用寿命长达 50 年；

B. 耐低温、抗冲击性能好；

C. 具有良好的耐受性；

D. 防腐蚀、耐强振、可挠性好；

E. 内壁光滑、水流阻力小；

F. 卫生性能好，无毒无锈，输送饮用水安全可靠，不会产生异味，更不会助长滋生微生物，无二次污染的问题；

G. 搬运方便，施工费用低；

H. 连接可靠，无滴漏现象，无污染，符合环保要求。

根据聚乙烯管的长期静液压强度，国际上将聚乙烯管材料分为 PE32、PE40、PE63、PE80 和 PE100 五个等级，目前国际上使用量最大的管材树脂的 *MRS*（长期静液压强度）

值为 8.0~9.99MPa（PE80 级）；*MRS* 值为 10.0~11.19MPa（PE100 级）的管材树脂已开发成功，这种树脂采用双峰分布、乙烯共聚技术，在提高长期静液压强度的同时，也提高了耐慢速裂纹增长和耐快速开裂扩展性能，并具有良好的加工性，为提高管网输送压力、增大管道口径、扩大管道应用范围创造了条件。

标准尺寸指的是管材的公称外径（*DN*）和工程壁厚（*S*）的比值，即 *SDR*=*DN/S*。目前常用的是 SDR11 和 SDR17.6 两个系列的管材。

聚乙烯管道用于给水时，主要的连接形式为热熔连接。

② 三型聚丙烯管

PPR 管又称三型聚丙烯管或无规共聚聚丙烯管，PPR 管采用无规共聚聚丙烯经挤出成为管材、注塑成为管件。PPR 管除了具有一般塑料管重量轻、耐腐蚀、不结垢、使用寿命长等特点外，还具有以下主要特点。

A. 无毒、卫生。PPR 的原料分子只有碳、氢元素，没有有害有毒的元素存在，卫生可靠，不仅用于冷热水管道，还可用于纯净饮用水系统。

B. 保温节能。PPR 管导热系数为 0.21W/(m·K)，仅为钢管的 1/200。

C. 较好的耐热性。PPR 管的维卡软化点为 131.5℃，最高工作温度可达 95℃，可满足建筑给水排水规范中热水系统的使用要求。

D. 使用寿命长。PPR 管在工作温度 70℃、压力 1.0MPa 条件下，使用寿命可达 50 年以上（前提是管材必须是 S8.2 和 S2.5 系列以上）；常温下（20℃）使用寿命可达 100 年以上。

E. 安装方便，连接可靠。PPR 具有良好的焊接性能，管材、管件可采用热熔和电熔连接，安装方便，接头可靠，其连接部位的强度大于管材本身的强度。

F. 物料可回收利用。PPR 废料经清洁、破碎后回收利用于管材、管件生产。回收料用量不超过总量的 10%，不影响产品质量。

PPR 管是目前家装工程中采用最多的一种供水管道，管径可以从 16mm 到 160mm，家装中用到的主要是 20mm 和 25mm 两种，其中 20mm 管用得更多些。如果经济允许，建议用 25mm 的管，尤其是进水的冷水管，以尽量减少水压低、水流量小的困扰，塑料管材具有内壁光滑、不结垢等优点，但其强度仅为铁管的 1/8，而壁厚反比铁管厚，所以在地基差及地面载荷大的地方要慎用。

三型聚丙烯管道用于给水时，主要的连接形式为热熔连接。

③ 钢塑复合管

钢塑复合管是由两种或两种以上不同材料复合而成的管道，一般以普通碳素钢（Q235）管为基材，在钢管内壁衬或内表面涂一定厚度的塑料层而成，按照钢管与塑料复合的工艺分为两大类：衬塑复合钢管和涂塑复合钢管。

给水用衬塑复合钢管是将食品级薄壁塑料管粘衬在钢管内壁，根据加工工艺不同，衬塑有过盈配合和粘结配合方式，目前使用的衬塑复合钢管多采用粘结配合方式。过盈配合采用机械牵引，将略大于管内径的塑管强行拉入管中，使塑管在常温下可与钢管内壁紧密贴合，粘结配合是采用特殊的胶粘剂，将略小于管内径的塑管通过高温高压方式粘结于钢管内壁，胶粘剂的选择和加热温度影响二者的结合程度。

根据内衬塑料管材不同，衬塑管又分若干种类型，如内衬聚丙烯（PPR）、聚乙烯

（PE）、交联聚乙烯（PE-X）和硬聚氯乙烯（PVC-U），市场上以 PE 衬塑居多。

内衬管的壁厚一般为 1.5～3.5mm，导热系数低，可节省保温与防结露的材料厚度。但同样外管径条件下，过水断面小，水流损失与流速均增大，对管网压损会有一定影响。

给水用涂塑复合钢管是将树脂粉末熔融涂敷在钢管内壁或内外表面。根据涂敷的粉末不同，分为聚乙烯（PE）涂塑复合钢管和环氧树脂（EP）涂塑复合钢管。

涂塑复合钢管制造工艺比衬塑稍简单，涂层较薄，为 0.4～1.0mm，不影响过水断面，但管道断面的密封处理困难。

钢塑复合管的外表面有外镀锌和外涂塑两种。外镀锌钢塑复合管埋地时必须进行防腐处理，因此外镀锌钢塑复合管主要用于明装，由于镀锌层的防腐能力较差，外镀锌钢塑复合管埋地时应刷涂油漆保护；外涂塑钢塑复合管采用螺纹连接方式时，丝口连接会破坏涂塑层，故在小口径中应用较少。

钢塑复合管的连接方式有螺纹连接、法兰连接、沟槽式连接、承插连接，其中螺纹连接沿袭了原来镀锌钢管的安装连接方式，连接刚性好，一般用于管径不大于 100mm 的管道。法兰连接、沟槽连接、承插连接时钢管壁厚可以较薄，价格也较低。

4）混凝土制品管

混凝土制品管中有预应力混凝土管、自应力混凝土管和预应力钢筒混凝土管等。

① 预应力混凝土管从制造工艺过程上又可分为三阶段法和一阶段法，所谓三阶段法就是指管身分三个阶段制成：第一阶段先做一个带纵向预应力钢筋的混凝土管芯，大多用离心法生产，或用立模法生产；第二阶段在硬化了的混凝土管芯上缠绕环向预应力高强钢筋；第三阶段在钢丝外喷射水泥砂浆，并进行养护。预应力混凝土管重量大、怕摔、怕砸，对切断、凿孔引接分支管有一定难度，露天放置日晒雨淋增加钢筋的蠕动，甚至有个别崩裂的记载。即使埋于地下也有蠕动的现象。设计使用周期为 50 年，届时虽不见得报废，但安全系数要有所降低。预应力混凝土管一般为橡胶密封圈柔性接口，当与管件连接时，须用钢制转换柔性接口或做钢制法兰转换口连接。

② 自应力混凝土管是用膨胀水泥制造的管子，不同于上述三阶段或一阶段的工艺方法，而是在普通管模中，通过离心成型，然后在蒸汽和水中养护，利用膨胀水泥的膨胀作用张拉钢筋，自身产生预应力而生产的管子。从工艺上讲比前两者简单，但此种管材存在日久钢筋预应力减退和混凝土遇水产生二次膨胀，可能将管身胀裂的问题。这种现象虽不普遍但确实存在，故不宜在重要管段上使用。

③ 预应力钢筒混凝土管的制造工艺应属于三阶段法，只不过是在管芯内加入一个钢套筒，其主要目的是增加防渗作用，这种类型的管子多做成直径 1～4m。

2. 管件

管件是管道系统中起连接、控制、变向、分流、密封，支撑等作用的零部件的统称，属于管道配件。管件的种类很多，主要可以按用途、连接方式和材质进行分类。

（1）按用途分

1）用于管子互相连接的管件：法兰、活接、管箍、卡套、喉箍等。

2）改变管子方向的管件：弯头、曲管。

3）改变管子管径的管件：变径（异径管）、异径弯头、支管台、补强管。

4）增加管路分支的管件：三通、四通。

5）用于管路封堵的管件：垫片、生料带、麻线、法兰、管堵、盲板、封头、焊接堵头。

6）用于管路固定的管件：卡环、拖钩、吊环、支架、托架、管卡等。

（2）按连接方式分

1）焊接管件；2）螺纹管件；3）卡套管件；4）卡箍管件；5）承插管件；6）粘结管件；7）热熔管件；8）法兰管件。

（3）按管件材质分

1）铸铁管件；2）钢制管件；3）塑料管件。

（4）管件的品种和名称

1）公称直径小于等于 50mm 的管件，现此类管件多为钢制，常用的品种如图 5-1 所示。

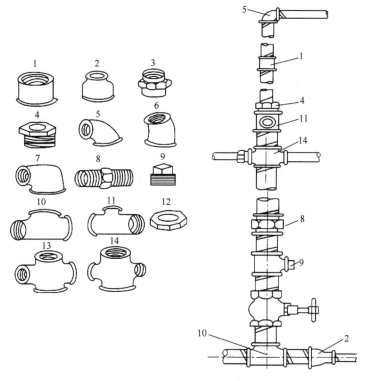

图 5-1　钢管螺纹连接用管件示意

1—管箍；2—异径管箍；3—活接头；4—补心；5—弯头 90°；6—弯头 45°；7—异径弯头；8—外螺栓；9—堵头；10—等径三通；11—异径三通；12—根母；13—等径四通；14—异径四通

2）公称直径大于等于 40mm 的球墨铸铁管件，常用的品种如表 5-1 所示。

常用管件　　　　　　　　　　　　　　　　　　　　表 5-1

序号	名称	图示符号
1	盘承	⊢

序号	名称	图示符号
2	盘插	
3	承套	
4	双承 90° (1/4) 弯头	
5	双承 45° (1/8) 弯头	
6	双承 22°30′ (1/16) 弯头	
7	双承 11°5′ (1/32) 弯头	
8	承插 90° (1/4) 弯头	
9	承插 45° (1/8) 弯头	
10	承插 22°30′ (1/16) 弯头	
11	承插 11°5′ (1/32) 弯头	
12	全承三通	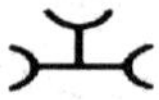
13	DN40～DN250 双承单支盘三通	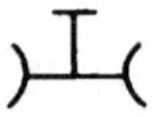
14	DN300～DN700 双承单支盘三通	
15	DN800～DN2600 双承单支盘三通	
16	承插单支盘三通	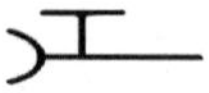
17	承插单支承三通	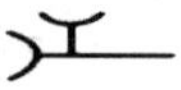
18	双盘渐缩管	
19	双盘 90° (1/4) 弯头	
20	双盘 90° (1/4) 鸭掌弯头	

续表

序号	名称	图示符号
21	双盘 45°（1/8）弯头	
22	DN40～DN250 全盘三通	
23	DN300～DN700 全盘三通	
24	DN800～DN2600 全盘三通	
25	双承渐缩管	

3. 阀门及管道设备

管道设备是指在管网系统中安装的一些部件，它包括有闸阀、消火栓（地上、地下）、排气门、水锤消除器、减压阀、止回阀（单流门）及接引支管用的水卡子等。

（1）闸阀

闸阀是供水管网中的重要组成设备，它的主要功能是可迅速隔断管道中的水流，此外还可根据需要改变管网中的水流方向和调节流量。

从口径来分不大于 50mm 的，结构上有皮钱、闸板、转心阀（球阀）等形式，多为丝扣连接，外壳用马铁或不锈钢制成，阀板及转心用铜或不锈钢，皮钱式的严密性较好，但对水流阻力大，而且安装时要注意方向，如果装反则不出水或出水少。如图 5-2 所示。

（2）蝶阀

蝶阀用于大口径管道上更能显示其优越性，目前最大的有口径 3～4m 的大阀，从构造形式上有立式、卧式，从闸轴上有通轴、半轴、偏心轴、中线轴之分，在密封构造上有阀体衬胶、阀板衬胶，而阀板又有龟形板、平式板，阀体大身有铸铁及钢板焊制两种，后者多用于制造较大口径阀体（图 5-3）。

应该着重说明闸板阀不适于用作调整流量之用，蝶阀则可，但启闭角不应小于 15°，否则将产生较大振动。

（3）消火栓

有室内用、室外用两种，此处重点讲述室外用的品种。从安装形式上分有地上式、地下式（图 5-4），现大多采用地下式，来水口径有 DN100、DN150 两种，出水口径有 DN65、DN100 两种，出水口的数目有两出水（两个 DN65）及三出水（两个 DN65，一个 DN100），前者来水口径为 DN100，后者来水口径 DN150。

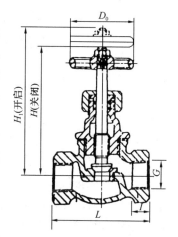

图 5-2 J11X-10、J11W-10、
J11T-16、J22T-16K
内螺纹截止阀

每个消火栓有两个出水口，是按每个口每秒能供给 5～6.5L 流量设计的，即来水流量应不小于 10～15m/s，为了安装快捷采用撞口连接，现在已有国家标准，但各城市因其历史条件仍采用自己习惯的传统安装形式。

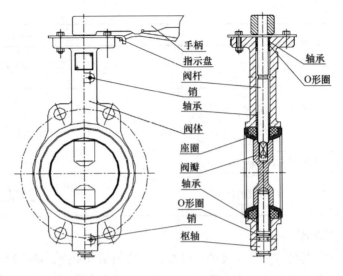

图 5-3　双轴式中线蝶阀

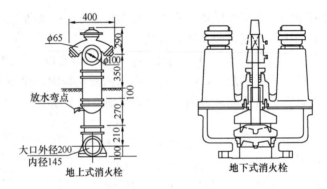

图 5-4　消火栓

（4）排气阀

管道安装由于地形变化管道呈曲折状，高处存有空气阻挡水流减小过水断面，需随时将空气自动排出。欲将管道放空须使空气进入管道，否则管中的水流不出来，需装排气阀才能解决，所以排气阀是管道中很必要的设备，其构造形式有单孔、双孔两种，排气、进气靠水面起落带动浮球自动进、排气。所以浮球是关键的部件。浮球应采用不锈钢制造，几何尺寸要求均匀，且壁厚一致，整球相对密度在 0.8 左右，球的焊缝不允许漏水，其抗渗等级不得小于 0.6MPa（6kg·f/cm²），浮球与密封孔接触不许总在一个部位，防止球体一处长时受压产生变形导致漏水。排气阀的连接部口径有 *DN*100、*DN*150、*DN*200 三种，可视管径大小选用，如图 5-5 所示，排气孔的孔径决定以进出口空气流速不超过 20m/s 为宜，且均设于管道纵断面的高处。

（5）止回阀（单流阀）

止回阀防止管网中水因停泵倒流或防止用户上水系统内自设加压泵，当压力高于市政管网水压时造成自备水源的水进入管网的主要设备，如图 5-6 所示。

管网中的水大量倒流，将造成管网水压降低，水倒流进入泵房使水泵长时间倒转造成

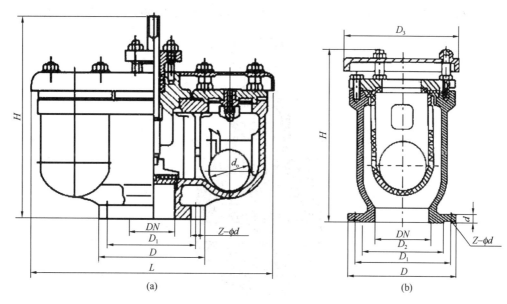

图 5-5　排气阀

（a）双球双孔口排气阀；（b）单球大小孔口排气阀

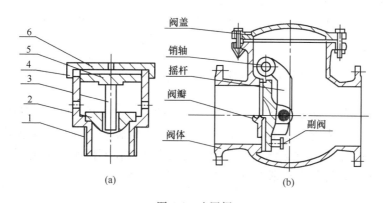

图 5-6　止回阀

（a）副阀结构；（b）主阀结构

1—阀体；2—阀瓣；3—活塞杆；4—密封圈；5—活塞；6—阀盖

设备损坏，而用户自备水源的水如倒流入管网将会污染水源造成人身疾病，所以止回阀的作用是很大的，同时对它的质量要求也就更高了。

当然止回阀也有一定的缺点，即其能使管网中造成水锤，这在单线管道中尤为明显，为了防止这种现象，现在有缓闭式止回阀，还有弹簧式的和油压式的连止阀等，可减缓上述缺点，其详细构造及作用请参看有关专业书籍。

（6）减压阀

减压阀的作用是使水通过阀瓣时产生阻力，减少压力，使阀前压力在一定范围内无论如何变化，也能使阀后压力降低为恒定数值。例如，在高压管道上引出配水支管，而此管不应有过高水压时，如卫生设备等用水设施一般承受水压不超过 0.3MPa，则在配水支管起端设减压阀。

减压阀的结构形式，有膜片活塞式、杠杆弹簧式及外弹簧薄膜式等（图5-7）。

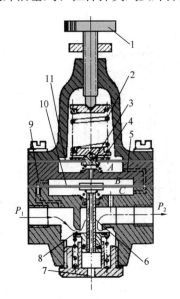

图5-7　内部先导式减压阀

1—旋钮；2—调压弹簧；3—挡板；4—喷嘴；5—孔道；6—阀芯；7—排气口；8—进气阀口；
9—固定节流孔；10、11—膜片；A—上气室；B—中气室；C—下气室

（7）水卡子

水卡子是从主干管上接引配水支管用的设备，分 DN50 以下小口径及 DN75 以上大口径两种。

关于大口径用的，前面已介绍过两合三通，它对接引支管的口径没有严格限制，至于大卡子则限用于接引支管口径不能大于主管口径 D/3 时使用。这是因为主管开洞不能大于 D/3 而限定的，使用这些设施时，要配合使用大水钻在不停水的情况下操作。水钻的钻头用合金钢制成，混凝土管则需用金刚石（工业用）钻头。

（二）管 道 支 墩

管网中三通、弯头、管堵等管件，由于承受水压，会在这些管件处产生推力（特别是完工验收时，泵压试水的压力较大），而这些推力有时不是接口的粘结力所能抵抗的，尤其是现在通用的柔性接口管更不能抵抗这些推力。因此要设置支墩来克服管内水压在该处产生的推力，避免接口松脱，确保管道正常供水。

1. 支墩分类

根据异形管件在管道中的布置方式，支墩有以下几种常用类型。

（1）按支墩承受力的方向分

1）水平支墩：水平支墩指为抵消水平力面设置的支墩，根据管件类别分为水平弯管支墩、管道末端的堵板支墩和水平三通支墩。

2）垂直弯管支墩：管线由水平方向转入铅垂方向的弯头支墩。根据弯头向上、向下转弯方向的不同，分为垂直向上弯管支墩和垂直向下弯管支墩。

3）空间两相扭曲支墩：管道中线既水平转向同时又垂直转向的异形管支墩。

（2）按支墩构筑形式分

1）全包支墩：异形管四周用混凝土浇筑成一整体。

2）侧向支墩：在异形管传导推力的一侧，按支墩传力角的要求设置侧向支墩。侧向支墩占地面积较大。

3）带桩支墩：借助摩擦桩或承压桩的形式用以缩小支墩体积尺寸，在向上、向下弯支墩中，选用带桩支墩较多。

4）接口加固的异形管件支墩：利用金属卡箍将异形管的承插口间进行加固，以减少支墩尺寸，同时也可采用卡箍、钢筋和混凝土整体浇筑支墩，以缩小支墩尺寸。

（3）设置支墩的原则

1）承插口石棉灰填料

当管径≤DN350时，石棉接口的粘结力抵消管道受力，试压小于1.0MPa，在一般土壤的弯头、三通处可不设置支墩，在松软土壤中，则应计算确定是否设置支墩；当管道转角度小于10°时，可不设置支墩。

2）承插胶圈接口

承插胶圈接口无粘结力，三通、弯头外都需要设置支墩。

2. 支墩受力分析

在历年接触的工程实例中，常见的多为水平异形管件支墩及垂直弯管支墩，因此本节分析给水管在正常埋设情况下，一般性土壤地区，水平异形管件支墩及垂直弯管支墩的计算。对于设置在淤泥、湿陷性黄土、多年冻土、膨胀土地区的支墩需特殊计算，软土地区支墩的沉降问题应特殊考虑。

（1）管道截面外推力标准值

$$P = \frac{\pi}{4}d_n^2 F_{wd,k}/1000 \qquad (5\text{-}2)$$

$$d_n = \alpha_D D$$

式中　d_n——管道接口设计内径，mm；

　　　α_D——管道接口设计内径与管内径的转换系数；

　　　D——管内径，mm；

　　$F_{wd,k}$——管道设计内水压力，MPa；

　　　P——管道截面外推力标准值，kN。

（2）水平支墩承受截面外推力P对支墩产生的水压合力标准值$F_{wp,k}$

① 弯管处：　　　　　　$F_{wp,k} = 2P\sin\alpha/2 \qquad (5\text{-}3)$

式中　α——弯管的角度。

② 三通及管堵处：　　　　$F_{wp,k} = P \qquad (5\text{-}4)$

（3）垂直向支墩承受水压合力产生的垂直力N及水平力F标准值

① 垂直向上弯管

垂直向下分力：

$$N = P\sin\alpha；水平分力：F_h = P(1-\cos\alpha) \qquad (5\text{-}5)$$

② 垂直向下弯管

垂直向上分力：

$$N = P\sin\alpha;\ \text{水平分力：} F_h = P(1 - \cos\alpha) \tag{5-6}$$

（4）支墩承受土压力计算

① 支墩迎推土侧的主动土压力标准值 $F_{ep,k}$

地下水低于支墩底面时：

$$F_{ep,k} = 1/3[\gamma_{s3}(Z_2^2 - Z_1^2)/2]L \tag{5-7}$$

地下水高于支墩顶面时：

$$F_{ep,k} = 1/3\left[\frac{\gamma_s'(Z_2^2 - Z_1^2)}{2} + (\gamma_{s3} - \gamma')Z_w(Z_2 - Z_1)\right]L \tag{5-8}$$

② 支墩抗推力侧的被动土压力标准值 F_{pk}

地下水低于支墩底面时：

$$F_{pk} = tg^2(45° + \phi_d/2)[\gamma_{s1}(Z_2^2 - Z_1^2)/2]L \tag{5-9}$$

地下水高于支墩顶面时：

$$F_{pk} = tg^2(45° + \phi_d/2)\left[\frac{\gamma_s'(Z_2^2 - Z_1^2)}{2} + (\gamma_{s1} - \gamma_s')Z_w(Z_2 - Z_1)\right]L \tag{5-10}$$

式中　　$F_{ep,k}$ ——支墩迎推力侧的主动土压力标准值；

F_{pk} ——支墩抗推力侧的被动土压力标准值；

γ_{s1} ——地下水位以上的原状土重度；

γ_{s3} ——主动土压力计算采用的回填土重度；

γ_s' ——地下水位以下土的有效重度；

Z_1 ——支墩顶在设计地面以下的深度；

Z_2 ——支墩底在设计地面以下的深度；

Z_w ——地下水位在设计地面以下的深度；

ϕ_d ——土壤等效内摩擦角。

（5）支墩底部滑动平面上摩擦力标准值 F_{fk} 计算

支墩的重量：

$$G = \gamma_c V_c \tag{5-11}$$

支墩顶部覆土的重量：

$$W = \gamma_{s2} V_s \tag{5-12}$$

支墩及其顶部覆土所受浮托力标准值：

$$F_{fw,k} = \gamma_w A(Z_2 - Z_w) \tag{5-13}$$

水平向支墩滑动平面上摩擦力标准值：

$$F_{fk} = (G + W - F_{fw,k})f \tag{5-14}$$

垂直向上弯管支墩滑动平面上摩擦力标准值：

$$F_{fk} = (G + W + N - F_{fw,k})f \tag{5-15}$$

垂直向下弯管支墩滑动平面上摩擦力标准值：

$$F_{fk} = (G + W - N - F_{fw,k})f \tag{5-16}$$

式中　　N ——支墩承受的水压合力的垂直向上/下分力；

γ_c ——混凝土重度；

γ_{s2} ——支墩、管件基础顶部覆土重度；

γ_w ——地下水重度；

V_c ——支墩混凝土体积；

V_s ——支墩顶部覆土体积；

A ——支墩底面积；

$F_{fw,k}$ ——支墩及其顶部覆土所受浮托力标准值；

F_{fk} ——支墩滑动平面上摩擦力标准值；

G ——支墩混凝土自重；

W ——支墩顶部覆土重量；

f ——土对混凝土支墩底部摩擦系数。

此外，还须进行支墩抗推力稳定验算、地基承载力验算，包括水平向、垂直向上、垂直向下弯管支墩抗推力稳定验算，以及垂直向下弯管支墩的垂直向稳定验算。现列举一些常用支墩的设计图（图 5-8～图 5-11）。

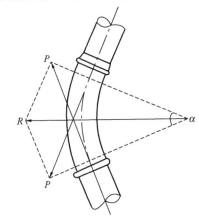

图 5-8　弯管受力示意

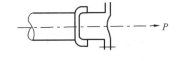

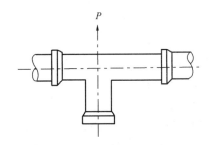

图 5-9　丁字管及堵头受力示意

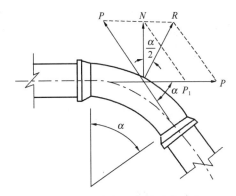

图 5-10　垂直向下弯管受力示意

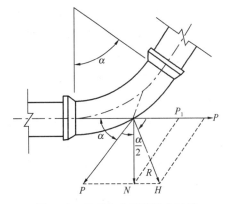

图 5-11　垂直向上弯管受力示意

（6）支墩天然土壁后背的安全核算

① 后背受力面积

根据顶管需要的总顶力，核算后背受力面积，应使土壁单位面积上受力不大于下列土壤的允许承载力（t/m²）：

湿度较大的粉砂允许承载力：10t/m²。

比较干的黏土、粉质黏土及密实的粉土允许承载力：20t/m²。

② 后背受力宽度

根据顶管需要的总顶力，核算后背受力宽度，应使土壁单位宽度上受力不大于土壤总被动土压力。后背每米宽度上土壤的总被动土压力（t/m）可按式 5-17 计算：

$$P = \frac{1}{2}\gamma h^2 \tan^2\left(45° + \frac{\phi}{2}\right) + 2Ch\tan\left(45° + \frac{\phi}{2}\right) \tag{5-17}$$

式中　γ——土壤的重度，t/m³；

　　　h——天然土壤后背的高度，m；

　　　ϕ——土壤的内摩擦角，°；

　　　C——土壤的黏聚力，t/m²。

（7）后背长度（沿后背受力方向）

核算后背长度可采用式 5-18 经验公式：

$$L = \sqrt{\frac{P}{B}} + l \tag{5-18}$$

式中　L——后背长度，m；

　　　P——支墩传来总推力，t；

　　　B——后背受力宽度，m；

　　　l——附加安全长度，m；粉土可取 2，粉质黏土可取 1，黏土、砂质黏土取 0。

或采用后背土体的厚度不小于自地面以下至支墩底脚深度的 3 倍。

3. 支墩尺寸确定

（1）支墩的尺寸

支墩的尺寸随管径、管道弯管的角度、管道的设计内水压力、覆土深度、土壤等效内摩擦角、地基承载力特征值等参数的变化而变化。

（2）支墩结构的附加条件

垂直向上弯管支墩一般按覆土条件计算，支墩高度应符合施工工作坑的深度要求。垂直向下弯管支墩也是按覆土状态来计算，支墩尺寸可通过试算方法来确定。支墩顶面高于管顶的距离为 h，当支墩高度 $H = i$ 时，该支墩砌筑在管顶上；当 $h = 0.5H$ 时为全包支墩；当 $h \leqslant 0.1m$ 时，应采用 U 形钢箍将给水管固定在混凝土支墩中。

（3）其他说明

1）混凝土强度等级一般采用 C15，当处于腐蚀性环境或对耐久性有特殊要求时，按国家现行《混凝土结构设计规范》GB 50010 等规范要求自行适当提高混凝土强度等级，当达到设计强度后方可做管道压力试验。

2）钢筋采用 HPB300 级钢筋。

3）水平支墩抗推力侧必须是原状土，并保证支墩和土体紧密接触，否则应以 C15 素混凝土填实，垂直向下弯管支墩必须在管道压力试验前回填土并分层夯实，且回填土应满足覆土深度要求。

4）垂直向上弯管支墩，弯管被支墩包入部分的中心角不得小于 135°。

5）有地下水时，施工降水后，应在支墩底部敷设 100mm 厚碎石层。

六、管道施工

（一）不开槽施工技术

管道穿越铁路、公路、河流、建筑物等障碍物，或在城市干道下铺管，常常采用不开槽施工。与开槽施工相比，管道不开槽施工的土方开挖和回填工作量减少很多；不必拆除地面障碍物；不会影响地面交通；穿越河流时既不影响正常通航，也不需要修建围堰或进行水下作业；消除了冬期和雨期对开槽施工的影响；不会因管道埋设深度增加而增加开挖土方量；管道不必设置基础和管座；可减少对管道沿线的环境污染等。由于管道不开槽施工技术的进步，施工费用也逐步降低。

不开槽施工一般适用于非岩性土层。在岩石层、含水层施工，或遇坚硬地下障碍物，都需要有相应的附加措施。因此，施工前应详细勘查施工地段的水文地质和地下障碍物等情况。

管道不开槽施工方法有很多种，主要可分为顶管、定向钻和夯管，由于沉管施工位于水下，桥管为架空施工，因此将沉管和桥管列入不开槽施工方法范畴。采用何种方法，要根据管径、土层性质、地质条件、管线长度及其他因素选择。不开槽施工方法与适用条件见表6-1。

不开槽施工方法与适用条件　　　　　　　　　　　　　　　　表 6-1

施工方法	顶管	定向钻（拉管）	夯管	沉管
工法优点	施工精度高	施工速度快	施工速度快，成本较低	施工精度较高
工法缺点	施工成本高	控制精度低	控制精度低，适用于钢管	需水下开槽及浮吊设施
适用范围	给水排水管道综合管道	给水排水管道综合管道	给水排水管道	适用于无法顶管及定向钻施工的过河给水排水管道
适用管径（mm）	800～4000	200～1000	200～1800	400～1400
施工精度	小于±50mm	不超过0.5倍管道内径	不可控	可控
施工距离	较长	一次可达700m以上	短	较长
适用地质条件	各种土层	砂卵石不适用	含水地层不适用，砂卵石地层困难	风化岩地层不适用，砂卵石地层困难

1. 顶管施工工艺

顶管施工工艺是使用最早的一种施工方法，起源于美国。最初，顶管施工法主要用于跨越孔施工时顶进钢套管。随着技术的改进，顶管法也用于供水管道工程中，多用于顶进钢筋混凝土套管或永久性的钢管。

按工作面的开挖方式可将顶管法主要分为普通顶管（人挖机顶）、机械顶管（机挖机顶）、水射顶管（泥水平衡顶管）、挤压顶管（挤压土柱）等。采用何种方法要根据管径、土层条件、管线长度以及技术经济比较来确定。排土的方式可以是螺旋排土、浆液泵送或用手推车、电瓶车、皮带输送排土。

一般来讲，按工作区间的不同，可将顶管施工分为放线、工作井及接收井施工、顶进工作坑轨道安装、顶管设备布置和管道顶进五个部分。

（1）工作井及其布置

工作井位置由地形、管线设计、障碍物种类等因素决定。

1）工作井种类和尺寸

管道只向一个方向顶进的称为单向井。向一个方向顶进所能达到的最大长度，称为次顶进长度。其他工作井还有双向井、转向井、多向井和接收井（图6-1）。

图6-1 工作井种类
1—单向井；2—双向井；3—多向井；4—转向井；5—接收井

工作井（包括顶进工作井和接收工作井）的位置根据地形、管线设计、障碍物的种类等因素确定。工作井的平面尺寸取决于管径和管节的长度、顶管机的类型、排土的方式、操作工具以及后座墙等因素，一般按下列公式计算确定。

① 工作井的宽度 B（m）为：

$$B = D_1 + 2b + 2c \tag{6-1}$$

式中　D_1——顶进管的外径，m；

　　　b——管两侧的操作空间，根据管径大小和操作工具而定，一般取 1.2～1.6m；

　　　c——撑板的厚度，一般为 0.2m。

② 工作井的长度 L（m）为：

$$L = L_1 + L_2 + L_3 + L_4 + L_5 + L_6 \tag{6-2}$$

式中　L_1——管节的长度，一般为 2m、4m；

　　　L_2——千斤顶的长度，一般为 0.9～1.1m；

　　　L_3——后座墙的厚度，约为 1m；

　　　L_4——前一节已顶进管节留在导轨上的最小长度，通常为 0.3～0.5m；

　　　L_5——管尾出土所留的工作长度，根据出土工具而定，用小车时为 0.6m，手推车时为 1.2m；

　　　L_6——调头顶进时的附加长度，m。

工作井的施工成本，尤其是当埋深较大时，在总成本中占有较大的比重。因此，应最大限度地减少顶进设备的尺寸，以减少工作坑的尺寸，最终降低工作坑的施工成本。

工作井的结构形式一般根据地质条件确定，当地质条件很好时（如老黄土），可采用钢板桩支撑加后座背的简易工作井形式；当地质条件较差时（如粉质黏土或流砂），通常采用钢筋混凝土沉井形式。

2）顶进工作井内导轨

导轨的作用是引导管子按设计的中心线和坡度顶入土中，保证管子在将要顶入土中前的位置正确。

导轨用轻轨、重轨、槽钢或工字钢做成。两导轨间净距 A（图 6-2）可由式 6-3 计算：

$$A = 2BK = 2\sqrt{OB^2 - OK^2} = \sqrt{(D+2t)(h-c) - (h-c)^2}(\text{m}) \tag{6-3}$$

导轨中距 A_0 为：

$$A_0 = a + A = a + 2\sqrt{(D+2t)(h-c) - (h-c)^2}(\text{m}) \tag{6-4}$$

式中　D——管子内直径，m；

t——管壁厚，m；

h——钢导轨高度，m；

c——管外壁与基础面的间隙，为 1～3cm；

a——导轨上宽。

导轨高程按管线坡度铺设，也可按水平铺设。导轨用道钉固定于混凝土基础内预埋的轨枕上。为了简化安装工作，可根据不同管径预制成工具式钢导轨。还可采用滚轮式导轨，这种导轨的优点是可以调节导轨的两轨中距，而且可减少导轨对管子的摩擦。

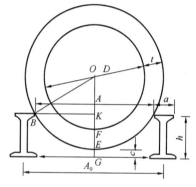

图 6-2　导轨间距计算图

3）后座墙与后背

① 构造

后背的作用是减少对后座墙的单位面积压力。后背的构造如图 6-3 所示，其中钢板桩后背用于弱土层。

在工作井双向顶进时，已顶进的管段作为未顶进管段的后背。双向同时顶进时，就不必设后背和后座墙。

转向顶进时，工作坑后背布置如图 6-4 所示。

② 后座墙的计算

应该保证后背在顶力或后座墙土压力作用下不会被破坏；不会发生不允许的均匀压缩变形，不发生不均匀的压缩变形。后座墙在顶进过程中承受全部的阻力，故应有足够的稳定性。为了保证顶进质量和施工安全，应进行后座墙承载能力的计算。计算公式为：

$$F_c = K_r B_0 H(h + H/2)\gamma K_p \tag{6-5}$$

式中　F_c——后座墙的承载能力，kN；

B_0——后座墙的宽度，m；

H——后座墙的高度，m；

h——后座墙顶至地面的高度，m；

γ——土的重度，kN/m³；

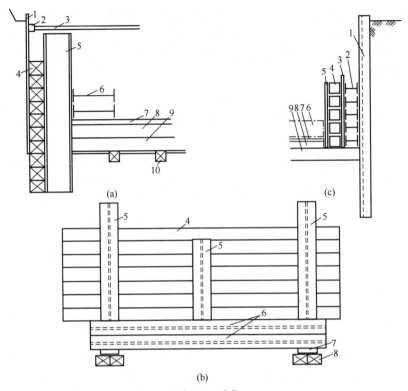

图 6-3 后背
(a) 方木后背侧视图；(b) 方木后背正视图
1—撑板；2—方木；3—撑杠；4—后背方木；5—立铁；6—横铁；7—木板；8—护木；
9—导轨；10—轨枕
(c) 钢板桩后背
1—钢板桩；2—工字钢；3—钢板；4—方木；5—钢板；6—千斤顶；7—木板；
8—导轨；9—混凝土基础

K_p——被动土压力系数，与土的内摩擦角 φ 有关，$K_p = \tan^2 (45° + \varphi/2)$；

K_r——后座墙的土坑系数，当理深浅，不需打钢板桩，墙与土直接接触时，$K_r = 0.85$；当埋深较大，打入钢板桩时 $K_r = 0.9 + 5h/H$。

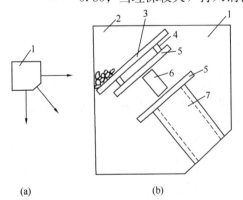

(a)   (b)

图 6-4 转向井后背布置
(a) 顶进方向；(b) 工作井布置
1—工作井；2—填石后座；3—后背方木；4—立铁；
5—横铁；6—千斤顶；7—管子

4）工作井的垂直运输

地面与工作坑底之间的土方、管子和顶管设备等的垂直运输方法很多，一般可采用单轨电动吊车、三脚架卷扬机等。由于三脚架起重设备不能做水平运输，采用这种方法还需搭地面操作平台工作坑布置时，还应解决电源、地面排水、地面运输、堆料场、临时工作场和工人工地生活设施等问题。

5）顶力计算及顶进设备

① 顶力计算顶管施工时，千斤顶的顶力克服管壁与土壁之间的摩擦力和首节管端面土的抗剪强度而把管子顶向前进。

顶进阻力计算通常按式（6-6）计算：

$$F_p = \pi D_0 L f_k + N_F \tag{6-6}$$

式中 F_p——顶进阻力，kN；

D_0——管道的外径；

L——管道设计顶进长度；

f_k——管道外壁与土的单位面积平均摩阻力，kN/m²，通过试验确定；对于采用触变泥浆减阻技术的宜按表 6-2 选用；

N_F——顶管机的迎面阻力，kN；不同类型顶管机的迎面阻力宜按表 6-3 选择计算式。

采用触变泥浆的管外壁单位面积平均摩擦阻力 f_k（kN/m²）　　　表 6-2

管材土质	黏性土	粉土	粉、细粉土	中、粗粉土
钢筋混凝土管	3.0～5.0	5.0～8.0	8.0～11.0	11.0～16.0
钢管	3.0～4.0	4.0～7.0	7.0～10.0	10.0～13.0

注：能形成和保持稳定、连续的泥浆套时，f_k 值可直接取为 3.0～5.0kN/m²。

顶管机迎面阻力（N_F）的计算公式　　　表 6-3

顶进方式	迎面阻力（kN）	式中符号
敞开式	$N_F = \pi(D_g - t)tR$	t——工具管刃脚厚度（m）
挤压式	$N_F = \dfrac{\pi}{4} D_g(1-e)R$	e——开口率
网格挤压式	$N_F = \dfrac{\pi}{4} D_g^2 aR$	a——网格截面参数，取 $a=0.6～1.0$
气压平衡式	$N_F = \dfrac{\pi}{4} D_g^2(aR + P_n)$	P_n——气压强度（kN/m²）
土压平衡和泥水平衡	$N_F = \dfrac{\pi}{4} D_g^2 P$	P——控制土压力

注：1. D_g——顶管机外径（mm）；

2. R——挤压阻力（kN/m²），取 $R=300～500$kN/m²。

由于土质变化、坑道开挖形状不规则、土含水量变化、管壁粗糙程度不一、顶进技术水平参差、顶进中间停歇等各种原因，顶力不易事先精确计算。图 6-5 所示为黏质粉土中顶进两条直径 900mm 钢筋混凝土管的实际顶力与顶进长度的曲线图。

② 顶进设备

顶进设备主要是千斤顶。在顶管施工时使用的千斤顶按其功能分为以下三种：

A. 主压千斤顶：固定在工作坑内，用于顶进管节。

B. 校正千斤顶：固定在盾构机内，用于调节高程和中心线的偏差。

C. 中继千斤顶：固定在管节之间，作为接力顶进的工具，一般为活塞式双作用千斤顶。

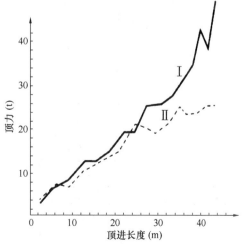

图 6-5　实际顶力与顶进长度曲线图

Ⅰ—第一条管道顶进；Ⅱ—第二条管道顶进

主压千斤顶的数量一般为两个或两个以上，总的顶进力取决于顶进管所能承受的安全顶进力。

当顶进距离较长，或者在复杂的地层中顶管时，则需将载荷分布在数个点上，以减少每个顶进点的顶进力，中继千斤顶正是为此而设置的，目前在供水管道施工中大多采用油压千斤顶。图 6-6 所示为油压回路。电动机使油泵工作，把工作油加压到工作压力，由管路输送，经分配器、控制阀送入千斤顶。电能经油泵转换为压力能，千斤顶又把压力能转换为机械能，对负载做功——顶入管子。机械能输出后，工作油以一个大气压状态回到油箱。

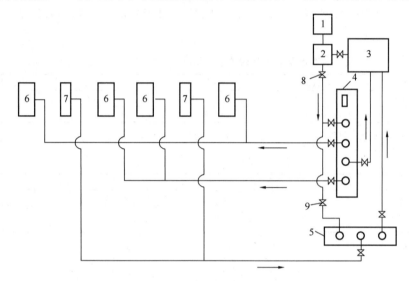

图 6-6　顶管油压系统

1—电机；2—油泵；3—油箱；4—主分配器；5—副分配器；6—顶进千斤顶；
7—回程千斤顶；8—单向阀；9—闸门

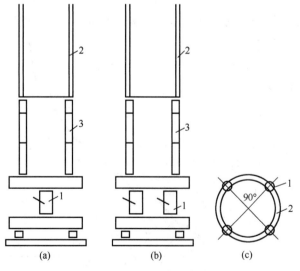

图 6-7　千斤顶布置方式

(a) 单列式；(b) 双列式；(c) 环周列式

1—千斤顶；2—管子；3—顺铁

工作油应具有如下良好的技术特性：适宜的黏度，较高的化学稳定性，良好的润滑性，不燃或难燃性，低压缩性，良好的防锈性，不会导致油压系统中密封材料膨胀、硬化或熔解。顶管施工中经常采用的是变压器油。

千斤顶在工作井内的布置方式分单列、并列和环周列等（图 6-7）。当要求的顶力较大时，可采用数个千斤顶并列顶进；但是，如果由于某种原因致使各千斤顶出程速度不等使管子偏斜，则可导致实际总顶力减少。

千斤顶顶力的合力位置应该和顶进抗力的位置在同一轴线上，避

免产生顶进力偶，使管子发生高程误差。顶
进抗力即为土壁与管壁摩擦阻力和管前端的
切土阻力。当上半部管壁井壁间有孔隙时，
根据施工经验，千斤顶在管端面的着力点应
在管子垂直直径的 1/5～1/4 处（图 6-8），这
是因为，管子水平直径以下部分管壁与土壁
摩擦，摩擦阻力的合力大致位于管子垂直直
径的 1/5～1/4 处。当管子全周与土接触摩擦
时，千斤顶可按管子环周列布置，如图 6-7
（c）所示。

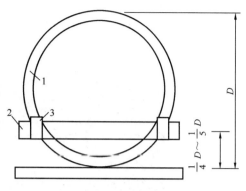

图 6-8　千斤顶在管口的作用点位置
1—管子；2—横铁；3—顺铁

采用顶铁（图 6-9）传递顶力。顶铁由各
种型钢拼接制成，根据安放位置和传力作用不同，可分为顺铁、横铁和立铁。顺铁是当千
斤顶的顶程小于单节管子长度时，在顶进过程中陆续安放在千斤顶与管子之间传递顶
力的。

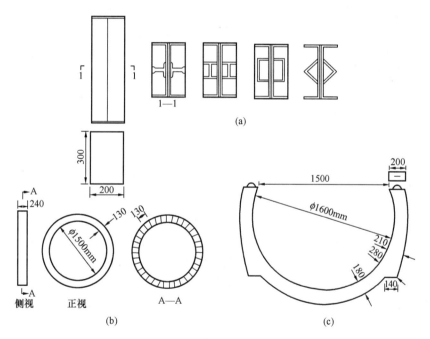

图 6-9　顶铁
（a）矩形顶铁；（b）圆形顶铁；（c）U 形顶铁

（2）挖土与出土

工作井布置完毕，开始挖土和顶进。管内挖土分人工和机械两种，图 6-10 所示为人
工挖土顶管示意图。密实土层内坑壁与管上方可有 1～2cm 间隙，以减少顶进阻力。孔隙
范围越大，即管壁与坑道壁接触所形成的管中心包角越小，顶进阻力越小，但管子偏移随
意性增大。如果不允许地基沉降，管壁与坑壁间就不应留孔隙，而且最好是少许切土
顶进。

人工每次掘进深度，一般等于千斤顶顶程。土质较好，挖深在 0.5～0.6m 甚至在 1m

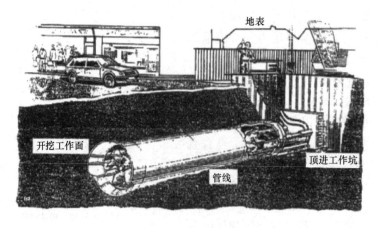

图 6-10　人工挖土顶管示意图

左右。开挖纵深过大，坑道开挖断面就容易发生偏差。因此，长顶程千斤顶用于管前方人工挖土的情况下，全顶程可能分若干次顶进。地面有振动载荷时，要严格限制每次开挖纵深。

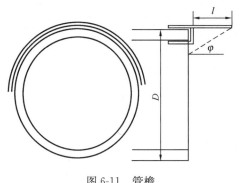

图 6-11　管檐

土质松散或有流砂时，为了保证安全和便于施工，在管前端安装管檐（图 6-11）。施工时，先将管檐顶入土中，工人在檐下挖土，管檐长度 l 为：

$$l = \frac{D}{\tan\varphi} \tag{6-7}$$

式中　l——管檐长度；

　　　D——管外径；

　　　φ——土的自然倾斜角。

除管檐外，还可采用工具管（图 6-12）装在顶进管段的最前端。施工时把工具管先顶入土中，工人在工具管内挖土。

顶管施工的位置误差，主要是由坑道开挖形状不正确，使管子循入已开挖的坑道前进而引起的。因此，必须注意保证开挖断面形状的正确。

前方挖出的土，应及时运出管外，以避免管端因堆土过多而下沉，并改善工作环境。管径较大，可用手推车在管内运土；管径较小，可用特制小车运土。土运到工作坑后，由起重设备吊上来再运到工作坑外。

机械开挖顶管设备示意如图 6-13 所示，电动机经减速箱减速，带动刮刀或刀齿架转动，开挖土方。刮刀为一长形的刀片，偏心刮刀示意如图 6-14 所示。为了在坑壁与管壁间留有孔隙，管中心与刮刀旋转中心有一间距 a。因此，这种设备称为偏心水平钻机。

也可在刀齿架上安装刀齿切土。为了把工作面开挖成锅底形，刀齿架做成任意锥角的锥形。大直径管子，锥角较大，锥形平缓。刮刀或刀齿切下的土，由皮带运输机转运卸至运土小车，运出管外。

偏心水平钻机有两种安装方法：一种是安装在钢筒内的整体工具管式；另一种是装配式，施工前安装在顶进的第一节管子内。采用工具管的优点是钻机构造较简单、现场安装

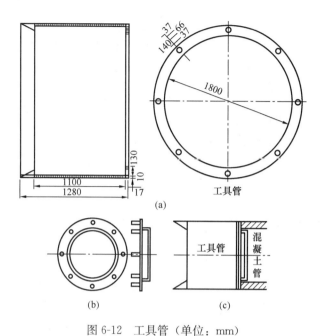

图 6-12　工具管（单位：mm）

（a）工具管；（b）工具管与钢筋混凝土管的连接设备；（c）连接方式

图 6-13　机械挖土顶管设备

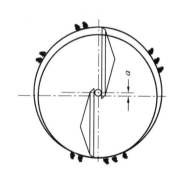

图 6-14　偏心刮刀

方便，但是它只适用于一种管径，而且顶进过程中遇到障碍，只能开槽将其取出。图 6-15 为直径 1050mm 的整体式偏心水平钻机。

偏心水平钻机用于黏土、粉质黏土、砂质粉土和粉土中钻进。在弱土层中顶进时，由于设备重量较大，常会引起管端下沉，导致顶进位置误差。在含水土层内，土方不易从刀齿架上卸下，而且，工作条件恶化。在这种情况下，经常采用工作面封闭的水力顶进。

（3）水力掘进（即泥水平衡顶管）及挤压掘进顶管

1）水力掘进顶管

水力掘进是利用高压水枪射流将切入工作管管口的土冲碎，水和土混合成泥浆状态输送出工作井。

在高地下水头的弱土层、流砂层或穿越水下（河底、江底）饱和土层，可采用水力掘进工具管。

水力掘进工具管如图 6-16 所示。前段为冲泥舱。为了防止流砂或淤泥涌入管内，冲

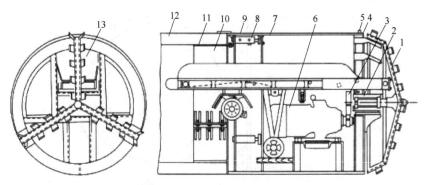

图 6-15　直径 1050mm 整体水平钻机

1—机头的刀齿架；2—轴承座；3—减速齿轮；4—刮泥板；5—偏心环；

6—摆线针轮减速电机；7—机壳；8—校正千斤顶；9—校正室；

10—链带输送器；11—内胀圈；12—管道；13—切削刀齿

泥舱是密封的。在刃脚处安装格栅，栅孔的面积取决于土的性质。在吸泥口处再安装格栅，防止粗颗粒进入泥浆输送管道。水冲射方向可由人工调整控制。泥浆由于水射器的作用，进入吸口并压至泥浆输送管道。在有充足工作水水源和泄泥场条件下，这种掘进方法使饱和弱土层内顶管过程大为简化。

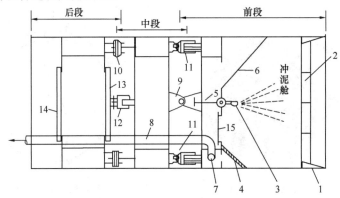

图 6-16　水力掘进工具管

1—刃脚；2—格栅；3—水枪；4—格栅；5—水枪操作把；6—观察窗；7—泥浆吸口；

8—泥浆管；9—水平铰；10—垂直铰；11—上下纠偏千斤顶；12—左右纠偏千斤顶；

13—气阀门；14—大水密门；15—小水密门

掘进方向由校正环控制。在校正环内安装校正千斤顶和校正铰。冲泥舱和校正铰之间由于校正铰的铰接而做相对转动，开动相应的校正千斤顶可使冲泥舱做上下、左右转动，调正掘进方向。

工具管的后段是气闸室。为了在冲泥舱内检修、清理故障等，工人由小水密门进入冲泥舱。此时，应维持工作面稳定和防止地下水涌入，保证操作工人安全。为此，需要提高工具管内的气压。气压系统包括设在工作坑地面的空压机和输气管道。气闸室是工人进出高压区时升压和降压之用。

在冲泥舱、校正铰和后段气闸室之间应有可靠的密封。通常采用橡胶止水带密封，橡胶圆条填塞于密封槽内。

在高地下水头及饱和弱土层内水力掘进时，铺设的管材采用钢管和永久性焊接口。钢管应做防腐层。

钢管在地面进行防腐处理与预接口，将短管节焊接，然后由门架起重机吊入工作坑内。在坑内与已顶入土中的管子焊接连接。千斤顶呈圆环布置，后背为混凝土墙，与工作坑壁连接。工作水经泵房加压由进水管输入，泥浆由出泥管经水射器作用输送到地面。触变泥浆在泥浆房拌制，经泥浆泵加压，由泥浆管输送到管前端注浆口和中途泥浆槽。中途泥浆槽为中途补浆的贮浆槽。气压顶进的压缩空气由空压机房供给，经进气管输入。为了提供良好的工作条件，管内空调的进风管和回风管也铺设进管道。各种管路系统都应采用可拆卸接口，以便在管道顶进延长时将各种管相应延长。激光经纬仪固定安装于专门的机架上。

混凝土沉井浇筑时，应在混凝土墙上预留洞口，作为开始顶进时工具管的入口。用钢板将预留洞口临时封闭，以便工作坑内安装、调试工作进行。开始顶进时，将钢板切割取出。采用这种方法，钢板只能从工作坑内取出，不易保证施工安全。还有采用条木封口方法，在工作坑前方钻孔的目的是提供条木顶散的条件。当工具管向前顶进，数块条木落入钻孔内时，整个封口就瓦解散卸。落入钻孔内的条木由泥浆吊桶取出，而大部分条木由冲泥舱取出。这种方法不但保证了全部封口材料回收、拆封工作在操纵舱外进行，而且条木封口整体性差、散卸容易。

此外，在工作井壁预留洞口应做止水装置（俗称钢封门），防止触变泥浆或流砂渗入工作坑内。

在管线的另一端，也应开挖工作坑（接收井），用以取出工具管。

2）挤压掘进顶管

在松散弱土层内顶管，可采用挤压切土掘进方法。挤压切土工具管如图 6-17 所示。工具管由千斤顶顶入土层切土，被切土体直径与切口直径 D 相等。土体在工具管的渐缩段被压缩至其直径与割口直径 d 相等，然后进入工具管内卸土并装在小车上，用钢丝绳借卷扬机拉紧，把进入的土体割下，由小车装运经工作坑运到地面。

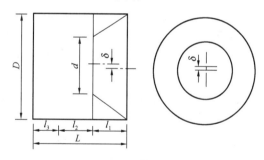

图 6-17　挤压切土工具管

切口与割口的偏心距为 δ，使顶进时工具管的受力条件改善。

土体积压缩率 λ 为：

$$\lambda = \frac{d^2}{D^2} \tag{6-8}$$

因此，应该根据土的孔隙率确定切口与割口的直径，在含水土层内顶进时应考虑由于土体压缩、土内水被挤出而造成的对施工环境的影响。工作坑内应设置地面排水设备。

为了校正顶进的位置，可在工具管内设置校正千斤顶。因此，工具管由三部分组成切土渐缩部分、卸土部分和校正千斤顶部分。工具管的机动系数 K 为：

$$K = \frac{l_1 + l_2 + l_3}{D} = \frac{L}{D} \tag{6-9}$$

为了保证校正的灵活性，应正确确定工具管的机动系数 K 和校正千斤顶的安装长度 l_3。l_2 取决于割口直径、土的重度和小车荷重。l_1 取决于土的压缩性和切口渐缩段斜板的机械强度综合考虑这些因素，就可确定工作管的各部尺寸。

这种方法由于避免了挖土、装土等工序，顶进速度可较人工掘进顶管速度提高 1～2 倍。

（4）管道的连接

用于顶管施工的顶进管常采用钢筋混凝土管、钢管，在供水管道工程施工中，混凝土管主要用作套管。顶进管必须具有足够的强度，以承受端部载荷，包括顶进时产生的载荷。

单节管的长度一般为 1～5m。单节管长，接头少，因而渗漏的可能性较少。但是，管越长，重量越大，要求的顶进工作坑也大，因而施工成本随之增加。

一节管子顶完，再下入工作坑一节管子。继续顶进前，应将两节管子连接好，以提高管段的整体性，减少误差产生的可能性。

顶进时的管子连接，钢管采用永久性的焊接。管子的整体顶进长度越长，管子位置偏移随意性就越小；但是一旦产生顶进位置误差，校正较困难。因此，整体焊接钢管的开始顶进阶段，应随时进行测量，避免积累误差。钢筋混凝土管通常采用钢套环连接，胶圈密封，俗称 F-B 接口连接。

（5）中继间顶进、泥浆套顶进

顶管施工的一次顶进长度取决于顶力大小、管材强度、后座墙强度、顶进操作技术水平等。顶进长度取决于顶进力和管道所能承受的安全载荷。顶进力一方面由管的自重决定，更重要的是由管与土层的表面摩擦力决定。通常情况下，一次顶进长度达 60～100m。增加顶进长度的方法有两种：一种是在管与土层之间注入润滑液，以减小表面摩擦力；另一种是在管线中间设置中继顶进站，将顶进力分布在数个顶进点上。

长距离顶管时，可以采用中继间、对向顶进、泥浆套顶进、蜡覆顶进等方法，提高次顶进长度，减少工作坑数目。使用上述方法后，最大的顶进长度可达 1000～1500m。

1）中继间顶进

采用中继间施工时，当顶进长度达一次顶进长度时，安设中继间。中继间之前的管子用中继千斤顶顶进，而工作坑内千斤顶将中继间及其后的管子顶进。图 6-18 所示为一种中继间。中继千斤顶在管全周上等距布置。在含水土层内，中继间与前后管之间的连接应有良好的密封。另一类型中继间如图 6-19 所示，施工结束时，拆除中继千斤顶和顶铁。采用中继间的主要缺点是顶进速度降低。通常情况下，每安装一个中继间，顶进速度减慢一倍，但是当安装多个中继间时，间隔的中继间可以同时工作，以提高顶进速度。

2）泥浆套顶进

在管壁与坑壁间注入触变泥浆，形成泥浆套，减少管壁与土壁之间的摩擦阻力，一次顶进长度可增加 2～3 倍。

触变泥浆的触变性在于：泥浆在输送和灌注过程中具有流动性、可泵性和承载力，经过一定静置时间，泥浆固结，产生强度。

触变泥浆的主要成分是膨润土。膨润土矿物成分的组成和性能指标因产地不同而不同触变泥浆的比重应为 1.3～1.7，黏度 30～40s，静切力 7～8mg/cm²，pH 值≈8.5。触变

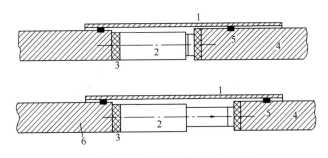

图 6-18　顶进中继间（一）

1—中继间外套；2—中继千斤顶；3—垫料；4—前管；5—密封环；6—后管

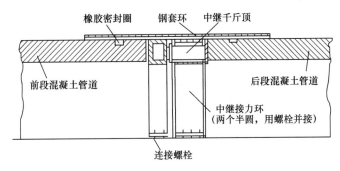

图 6-19　顶进中继间（二）

泥浆的配合比应由试配确定。

膨润土内掺入工业碱是为了提高泥浆的稠度。泥浆稠度应根据土的渗透系数和孔隙率确定，还应具有良好的可泵性。此外，为了提高流动性，可掺入塑化剂松香酸钠；为了在顶进完毕后使泥浆固结，可掺入固化剂氢氧化钙（白灰膏）；而为了施工时保持流动性，可掺入缓凝剂工业葡萄糖。这些成分的掺入量都应根据实验室试配确定。

触变泥浆由泥浆搅拌机拌制，储于泥浆槽内；由泵加压，经输泥管输送到前端工具管的泥浆封闭环，经由封闭环上开设的注浆孔注入坑壁与管壁间孔隙，形成泥浆套。工具管应有良好的密封，防止泥浆从工具管前端漏出（图 6-20）。注入压力根据地下水位而定，常用 0.08MPa～0.1MPa。

当工作坑修建完毕后，在管道出洞前，应封闭工作坑壁的出洞口，防止泥浆从工作坑壁漏出。在工作井预留洞口预埋焊接有螺栓的钢管，止水胶带由螺母固紧。顶进距离

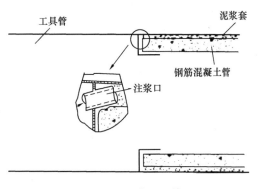

图 6-20　注浆工具管

过大，泥浆压力下降，则应在适当部位补浆。泥浆从补浆罐经泵加压，从留设在管壁的补浆孔压入泥浆套（图 6-21），补浆孔间距为 30～50m。

管子在泥浆套内顶进，不但减少了顶进的摩擦阻力，而且改善了管道在顶进时的约束条件使管道的施工应力减小。管四周的泥浆套厚度应该是均匀的。当管道发生位置偏移

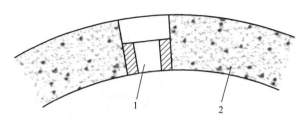

图 6-21　泥浆套补浆的管道压浆口
1—管壁预留孔内用环氧树脂粘结 $d25$ 管箍，连接补浆管；
2—钢筋混凝土管壁

时，会使管四周泥浆厚度不均，甚至"消失"泥浆。因此，适当增加泥浆套的厚度是必要的。

（6）管道测量和误差校正

掘进顶管敷设的管道，通常情况下，中心水平允许误差为 $\pm 20mm$，高程误差为 $+10mm$ 和 $-15mm$。误差超过允许值，就要校正管子位置。

产生顶管误差的原因很多，大部分是由于坑道开挖形状不正确引起的。开挖时不注意坑道形状质量、坑道一次挖进深度较大、在砂砾层开挖，都会导致开挖形状不正确。工作面土质不匀，管子向软土一侧偏斜。千斤顶安装位置不正确导致管子受偏心顶力，并列的两个千斤顶的顶进速度不一致，管子两侧顺铁长度不等、后背倾斜，均会导致水平误差。在弱土层或流砂层内顶进管端很易下陷，机械掘进的机头重量使管头下陷，管前端堆土过多使管端下陷，顶力作用点不在管壁与坑壁摩擦力合力同一轴线，产生顶进力偶会产生高程误差。

由于顶进时管子间已有连接，误差是逐渐积累和校正的，形成误差和消除误差的长度为一弯折段，管道蛇行。顶管施工中的误差校正是指将已偏斜的顶进方向校正到正确的方向。管道弯折区将作为永久误差而留存。随后顶进的管子都将经越这一弯折区间，导致对所有经越的管口连接产生误差应力。因此，应该在误差很小时就进行校正。随时注意使第一节管子位置正确，就可保证全管段位置正确。顶管测量重点是在施工过程中对第一节管子进行测量。

顶管测量分中心水平测量和高程测量两种。

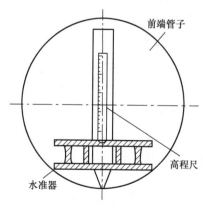

图 6-22　管端高程尺

中心水平误差用经纬仪测量或垂线检查。垂线检查是在工作坑相对两壁的两个中心钉连线，用垂球下引，然后再引中心线进入管内。在最前端管放一水准中线尺。引进管内的中心线交于此中心线尺，就可测出中心水平误差值。高程误差是用水准仪在工作坑内测量，根据工作坑内水准点标高，测出前端管的实际高程（图 6-22）。

上述方法测量并不精确，由于观察所需时间较长，影响工程进度；测量是定时进行的，容易造成误差积累。

激光测量法可避免这些缺点。激光经纬仪照射到管前端的标示牌（图 6-23），即可测得误差值。安装方法同图 6-22，这种方法可兼做中心水平测量和高程测量。

顶管过程中，每隔一定时间（一般是每顶进 1m）应测量标高和中心线一次。发现偏差时，除及时校正外，还应每顶进一个行程后，正式测量校正一次。

图 6-23　激光经纬仪测量的指示牌

测量首节管的管底标高一般用水准仪。测量管的中心线时，可在首节管内安装特制的中线尺或目标靶，用经纬仪或激光仪进行测量，也可用"小线垂球延长线法"测量。

当管的偏差超过允许值时，应根据实际情况选用下述方法进行校正。

1）挖土校正法

当首节管发生偏差，而其余的管节尚符合要求时，可用此法，即通过增减不同部位的挖土方量进行校正。如管的头部抬高时，则多挖位于管前方下半圆的土；当管的头部下垂时，则多挖管前方上半圆的土。这样，当继续顶进时，管的头部自然得到校正。

2）强制校正法

这是强迫管节向正确方向偏移的方法，分以下几种。

① 衬垫法：在首节管的外侧局部管口位置垫上钢板或木板，迫使管子转向。

② 支顶法：应用支柱或千斤顶在管前设支撑，斜支于管口内的一侧，以强顶校正。

③ 主压千斤顶校正法：当顶进长度较短（15m 以内）时，如发现管中心有偏差，可利用主压千斤顶进行校正。如管中心向左偏时，可将管外左侧的顶铁比右侧的顶铁加长 10～15mm，这样，千斤顶顶进时，左侧的顶进力大于右侧的顶进力，可校正左偏的误差。

④ 校正千斤顶校正法：在首节工具管之后安装校正环，在校正环内的上下左右安装四个校正千斤顶。当发现首节工具管的位置偏斜时，开动相应的千斤顶即可实现校正。

（7）顶管施工一般注意事项

1）应根据土质条件、周围环境控制要求、顶进方法、各项顶进参数和监控数据、顶管机工作性能等，确定顶进、开挖、出土的作业顺序和调整顶进参数。

2）掘进过程中应严格量测监控，实施信息化施工，确保开挖掘进工作面的土体稳定和土（泥水）压力平衡；并控制顶进速度、挖土和出土量，减少土体扰动和地层变形。

3）采用敞口式（手工掘进）顶管机，在允许超挖的稳定土层中正常顶进时，管下部 135°范围内不得超挖；管顶以上超挖量不得大于 15mm。

4）管道顶进过程中，应遵循"勤测量、勤纠偏、微纠偏"的原则，控制顶管机前进方向和姿态，并应根据测量结果分析偏差产生的原因和发展趋势，确定纠偏的措施。

5）开始顶进阶段，应严格控制顶进的速度和方向。

6）进入接收工作井前应提前进行顶管机位置和姿态测量，并根据进口位置提前进行调整。

7）在软土层中顶进混凝土管时，为防止管节漂移，宜将前 3～5 节管体与顶管机连成。

8）钢筋混凝土管接口应保证橡胶圈正确就位；钢管接口焊接完成后，应进行防腐层补口施工，焊接及防腐层检验合格后方可顶进。

9）应严格控制管道线形，对于柔性接口管道，其相邻管间转角不得大于该管材的允许转角。

关于工作井施工质量及顶管质量要求，具体可查阅现行国家标准《给水排水管道工程施工及验收规范》GB 50268。

2. 定向钻施工工艺

（1）定向钻施工一般程序

施工时，按照设计的钻孔轨迹（一般为弧形），采用定向钻先进技术施工一个先导孔，待先导孔钻具在被穿越障碍物（河流、公路等）的另一侧出露后，卸下导向钻头换上大直径的扩孔钻头，然后逐级进行反向扩孔，进行多次扩孔满足要求后，进行洗孔，最后回拉管线。

根据地层条件的不同，可选用不同的孔底钻具组合。如在松软的地层中，孔底钻具组合由弯接头和带喷嘴的切削钻头构成；在硬岩或卵砾石地层中，孔底钻具组合由弯接头泥浆电机、刮刀钻头、牙轮钻头或金刚石钻头组成。

长距离水平定向钻进时，钻杆柱与孔壁之间的摩擦阻力很大，给施工带来困难。解决这一问题的方案之一是采用套洗钻进，即在导向钻杆柱外加一套洗钻杆柱，其前端的钻头由钻机驱动，进行套洗钻进。套洗钻头钻到导向钻头附近位置后，停止钻进，由导向钻杆柱钻进。这样，导向钻进和套洗钻进交替进行，直到完成导向孔施工。

钻孔轨迹的监测和调控是水平定向钻进最重要的技术环节。目前一般采用随钻测量的方法来测定钻孔的顶角、方位角和工具面向角，采用弯接头来控制钻进方向。

如图 6-24 所示，水平定向钻进铺管的施工顺序为：现场勘查→设计钻孔轨迹→配制泥浆→钻进先导孔→扩孔→回拉铺管。

1）钻孔方向

导向钻孔轨迹可以是直的，也可以是逐渐弯曲的。在导向绕过障碍物，或穿越高速公路、河流和铁路时，钻头的方向可以调整。钻孔过程可在预先挖好的发射坑和接受坑之间进行，也可在安装钻机的场地，以小角度直接从地表钻进。

2）成管方法

工作管或导管的铺设通常分两步进行。首先是沿所需的轨迹钻导向孔，然后回扩钻孔以加大孔径适应工作管的要求。

在第二步即回拖过程中，工作管通过旋转接头与扩孔器连接，并随着钻杆的回拖拉入扩大了的钻孔中。在复杂地层条件下或孔径需增加很大时，可采用多级扩孔的方法将孔径逐步扩大。

3）方向控制

大多数定向钻机采用钻进液辅助碎岩钻头钻压从钻杆尾部施加。钻头通常都带有一个斜面，所以钻头连续回转时则钻出一个直孔，而保持钻头朝某个方向不回转加压时，则使钻孔发生偏斜。

探测器或探头可以安装在钻头内，也可安装在紧靠钻头的地方，探头发出信号，被地面接收器接收或跟踪，从而可以监测钻孔的方位、深度和其他参数。

导向系统有几种类型，最常用的如"手持式（walk-over）"系统，它以一个装在钻头

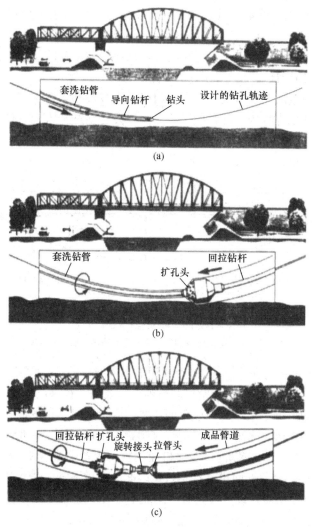

图 6-24 水平定向钻施工流程
(a) 钻进先导孔；(b) 扩孔；(c) 回拉铺管

后部空腔内的探测器或探头为基础。探头发出的无线电信号由地面接收器接收，除了得到地下钻头的位置和深度外，传输的信号还往往包括钻头倾角、斜面面向角、电池电量和探头温度。这些信息通常也转送到钻机附属接收器上，以使钻机操作者可直接掌握孔内信息，从而据此作出任何有必要的轨迹调整。

在大型设备中，多数工作是通过钻杆回转完成的，设备的扭矩与轴向给进力和回拖力一样重要。对小型设备，通常是先钻一个导向孔，然后再将孔径扩至所需尺寸，同时将管道随扩孔器拉入。工作管或导管一般为聚乙烯管或钢管。

① 走过式系统的主要限制，是必须要到达直接位于钻头上部的地面。这一缺陷可采用有缆式导向系统或装有电子罗盘的探头来克服。

② 有缆式导向系统通过钻杆柱的电缆从发射器向控制台传送信号。虽然缆线增加了复杂性，但由于不依靠无线电传送信号，对钻孔的导向就可以跨越任何地形，并且可以用于受电磁干扰的地方。

③ 为使电子元件免受严重动载，一种基于磁性计的导向系统被用于有冲击作用的干式定向钻进上。系统的永久磁铁装在冲击锤体上，当其旋转时即产生磁场，磁场的强度及变化由地表磁力计探测，数据交由计算机处理，从而得到钻头的位置，深度及面向角。

4）导向孔轨迹的设计

导向孔的轨迹一般由三段组成：第一造斜段、直线段和第二造斜段，如图 6-25 所示。直线长度是管线穿越障碍物的实际长度，第一造斜段是钻杆进入铺管位置的过渡段，第二造斜段是钻杆露出地表的过渡段。因此，对典型的导向钻进铺管施工，其导向孔的轨迹由以下几个基本参数决定。

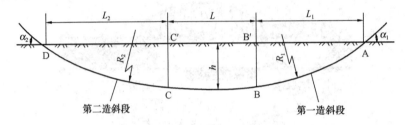

图 6-25　导向孔轨迹：两个造斜段

B′穿越起点；C′穿越终点；h 铺管深度；

R_1—第一造斜段的曲率半径；R_2—第二造斜段的曲率半径

R_1 和 R_2 主要由钻杆的曲率半径和待铺设管线的允许弯曲半径决定。一般取 $R_1 \geqslant 1200d$、$R_2 \geqslant 1200D$，d 和 D 分别为钻杆和待铺设管线的直径（mm）。

钻机倾角的可调范围是限制入口倾角的主要因素，一般钻机的倾角可在 $10° \sim 45°$ 之间调节。对于小直径的钢管，考虑到管道的焊接问题，出口倾角 α_2 一般应控制在 $0° \sim 15°$ 内；对于 PE 管一般控制在 $0° \sim 30°$ 以内。对大口径钢管，因弯曲半径 R_2 太大，L_2 增大，一方面使导向孔距离增长，另一方面也浪费管材，因此一般用下管工作坑来代替第二造斜段。

直线段 BC 也可根据需要设计成具有一定曲率半径的曲线，如穿越河流时设计成大致与河床平行的曲线。直线穿越无法避开地下障碍物时，也可考虑将部分直线段变为曲线。但所有这些都必须保证最小曲率半径大于待铺设管线的允许曲率半径。

总之，设计导向孔时要综合考虑工程要求、地层条件、钻杆的最小曲率半径、管线的允许曲率半径、施工场地的条件、铺管深度等多方面的因素，最后优化设计出最佳的轨迹曲线。

5）泥浆——钻进工作血液

膨润土/水的混合物是常用的钻进液或"泥浆"，它能使携带的岩屑处于悬浮状态，并能通过循环系统过滤。导向孔施工完成后，触变泥浆可保持孔壁的稳定，以便于回扩。使用钻进液有助于破岩、润滑和冷却钻头。

在钻进岩石或其他硬地层时，也可用钻进液驱动孔底"泥浆电机"，在这种情况下，需要很高的钻进液流速。一些钻进系统被设计用于无水或钻进液的干式钻进工艺，其操作更简单，废弃物少，不需要太多的现场设备；但要受到铺管尺寸和地层条件的限制。

钻进液通过钻杆内泵送到钻头，再从钻杆与孔壁的环空内返回，并把破碎下来的钻屑携带至过滤系统进行分离和再循环。

在水平定向钻进中，使用钻进泥浆的主要作用是冷却孔底钻具、携带钻屑并排到地表、稳定孔壁和降低钻进时所需的扭矩和回拉力。使用孔底电机钻进时，泥浆又是传递动力的介质。因此，钻进泥浆被视为定向钻进铺管施工的一个重要部分。

虽然曾试验过其他类型的钻进泥浆，但目前使用最广的是水基泥浆，主要是膨润土泥浆，少数使用聚合物泥浆。水基泥浆的性能参数有密度、黏度和胶结强度。

控制钻进泥浆的密度可防止孔壁的坍塌（即使钻进泥浆作用在孔壁上的压力大于土层的空隙压力和重力）。但是，钻进泥浆的压力不应太大，以防止钻进泥浆和钻屑渗入土层。加入添加剂，如重晶石、钛铁矿、氯化钠或氯化钙，可增加钻进泥浆的密度。

黏度的人小决定钻进泥浆的排屑能力，而胶结强度则度量钻进泥浆使固体颗粒处于悬浮状态的能力。胶结强度小时，钻屑容易沉积在钻孔的底侧，直到流速足够大时才能被泥浆排出。

钻进泥浆的另一个作用是降低管壁和孔壁之间的摩擦系数，从而降低钻进时所需的扭矩和回拉力。

6）定向钻机的选择

根据钻进地层的类型，选择定向钻机的能力可有很大不同。通常，均质黏土地层最容易钻进；粉土层要难一些，尤其是其位于地下水位之下或没有自稳能力时。砾石层中钻进会加速钻头的磨损。

不带冲击作用或泥浆电机的标准型钻机，一般不适用钻进岩石或坚硬夹层，因为一旦遇到此类障碍物，钻头会无法进尺或偏离设计轨迹。以钻进液作动力的泥浆电机，可驱动岩石钻头，采用这种技术需要一些动力更大的钻机。

7）钻进先导法

利用泥浆电机（螺杆钻）或喷射钻头钻进先导孔。在松散的地层中，孔底钻具组合由一个弯接头和一个带喷嘴的钻头组成，靠高压水射流来切削地层。钻进时，钻杆柱回转，则钻出的钻孔为直孔；若钻杆柱不回转，则在给进力和水射流的作用下可形成定向的弧形孔。在硬岩或含卵砾石的地层中，利用水射流成孔的效率极低，此时，孔内钻杆柱由弯接头、泥浆电机和切削钻头组成。根据地层条件的不同，可采用刮刀钻头、牙轮钻头或金刚石钻头。

先导孔钻进时，钻杆柱与孔壁之间的摩擦阻力极大，而且随钻孔长度的增加而增大。为了解决这一问题，往往采用套洗钻进，即在钻进距离较长、摩擦阻力较大时，在导向的钻杆柱外套一根套洗钻管，其前端的钻头由钻机驱动。套洗钻头一般落后导向钻头 25～80mm，导向钻进和套洗钻进交替进行。完成先导孔钻进后，抽出导向钻杆柱，以套洗钻管牵引扩孔钻头进行扩孔。导向钻杆柱和套洗钻管的布置如图 6-26 所示。

先导孔钻进时，最重要的技术环节是钻孔轨迹的监测和控制。为此，至少需要确定钻孔的顶角、方位角和工具面向角三个参数，再由公式计算出测点的空间坐标。一般使用随钻测量（MWD）技术来获取孔底钻头的有关信息，并传送到地表，即用加速度计测顶角和工具面向角，用磁通门磁力计测方位角。孔底信号输送到地表的方式主要有：①电缆法；②电磁波法；③泥浆脉冲法；④声波法电缆法。

电磁波法的测量范围一般在 300m 以内，近年来在供水管道定向钻进施工中应用较多，比如供水管道过江定向钻施工工程。泥浆脉冲法和声波法由于费用较高，仅限于石油、天然气行业中使用。

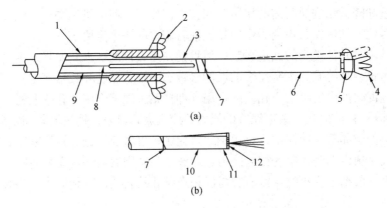

图 6-26　导向钻杆柱和套洗钻管的布置

1—套洗钻管；2—套洗钻头；3—孔底探头；4—刮刀钻头；5—旋转钻头；

6—泥浆电机弯接头；7—弯接头；8—信号电缆；9—导向钻杆；

10—喷管；11—硬质合金片；12—喷嘴

8）扩孔

当先导孔钻进完成并抽回导向钻杆后，卸下套洗钻头，接上反向扩孔钻头（扩孔器）和旋转接头，然后在旋转接头后接上回拉钻杆，进行扩孔钻进。

扩孔的目的主要是减小拉管时的扩孔工作量。对直径较小的管线可不进行专门的扩孔钻进，而是在扩孔的同时将待铺设的管线拉入。对直径较大的管线，可进行多次扩孔钻进，使钻孔直径逐渐增大，在扩孔钻进时，同步拉入钻杆。

扩孔时的钻具组合包括钻杆、扩孔头、旋转接头和回拉钻杆，如图 6-27 所示。

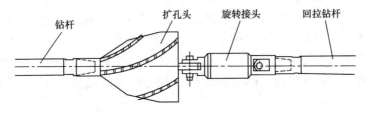

图 6-27　扩孔时的钻具组合

9）回拉铺管

扩孔钻进完成后，在回拉钻杆后接上扩孔头和旋转接头，在旋转接头后接上拉管头和待铺设的管线进行反扩铺管。当扩孔头到达钻机一侧的地表时，铺管工作完成。回拉铺管时的钻具组合如图 6-28 所示。

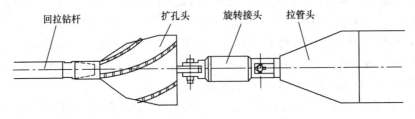

图 6-28　回拉铺管时的钻具组合

（2）定向钻回拖力计算

水平定向钻机安装地下管线可分为 3 个阶段，即钻先导孔、用扩孔器扩大先导孔直径及管道的回拖。扩孔的终孔孔径一般为管道直径的 1.2～1.5 倍，回拖时管道通过旋转接头与扩孔器连接，并随着钻杆回拖，将管道沿扩大的孔道拖到出口，回拖时钻机的拉力部分作用于旋转接头和扩孔器，另一部分传递到管道，形成管道的回拖拉力。由于施工时无法确定传递到旋转接头和扩孔器以及管道的拉力各为多少，所以通过理论方式计算管道的拉力对安全施工尤为重要。

1）管道回拖时的受力特征

理想的钻孔轨迹由进口处的倾斜段、中间的水平直线段和出口处的倾斜段组成。回拖钻机作用于管道的拉力主要克服管道与地表面摩擦阻力、孔道内壁的摩擦阻力、钻孔液阻力和通过弯曲段时管道变形的阻力。根据以往定向钻施工工程经验，管道的最大回拖力一般出现在管道进入孔道 3/4 位置处，即管道从水平段转向倾斜段处。

2）计算管道最大回拖力

根据有关资料，可采用以下公式进行估算。

① 与地面摩擦阻力

$$F_{d} = \omega_{s} f_{d} (L - \Sigma L_{k}) \tag{6-10}$$

式中　ω_{s}——单位长度管道的重力，kN/m；

　　　f_{d}——管道与地表面的摩擦系数，取值范围为 0.1～0.5；

　　　L——管道的总长度，m；

　　　L_{k}——管道在孔道内的长度，m。

② 与孔道内壁的摩擦阻力

$$F_{k} = |\omega_{s} - \omega_{b}| f_{o} \cos\alpha \Sigma L_{k} \tag{6-11}$$

$$F_{1} = \pm |\omega_{s} - \omega_{b}| f_{o} \sin\alpha \Sigma L_{k} \tag{6-12}$$

式中　ω_{b}——孔道内管道单位长度的浮力，kN/m；钻孔液泥浆的密度，其密度值与膨润土的含量有关，通常为 $1000 kg/m^{3}$，最大可达 $1440 kg/m^{3}$；

　　　f_{o}——管道与孔道壁的摩擦系数，取值范围为 0.21～0.30；

　　　α——孔道与水平向的倾斜角；

　　　F_{1}——管道重力的分量，方向与拉力方向相同时取负号。

③ 钻孔液的黏性阻力

$$F_{V} = 2\pi r \tau_{p} \Sigma L_{k} \tag{6-13}$$

泥浆黏性阻力 τ_{p} 可根据经验近似取 345Pa。

④ 弯曲段变形的阻力

管道通过弯曲段时，由于管道的变形和拉力方向的改变，使弯曲段出口的拉力大于弯曲段进口的拉力，其拉力计算相当复杂，可按前三项和的 10% 考虑。

⑤ 最大回拖力

$$T = [F_{d} + (F_{k} + F_{1}) + F_{V}] \times 1.1 \tag{6-14}$$

式中　T——最大回拖力，kN。

（3）施工机具

定向钻钻进时所需的机具主要有钻机、导向钻头、扩孔钻头、钻杆、旋转接头和导向仪器等（图 6-29）。其中，导向钻头和导向仪器与定向钻进用的导向钻头和导向仪器相差较大，其余则相同或相似，故这里介绍导向钻头和导向仪器。

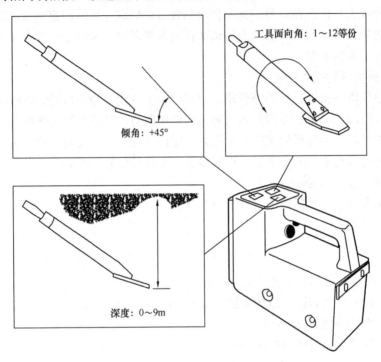

倾角：+45°

工具面向角：1～12等份

深度：0～9m

图 6-29　地表接收器探测的主要参数

1）导向钻机

导向钻机一般为轮胎式或履带式全液压钻机。由于导向钻进大多数在浅层施工，故大多数钻机均以射流辅助钻进为主。近年，为了适应在含卵砾石的地层中施工，相继推出了使用带冲击动力头的钻机和使用风动潜孔锤的钻机。为了减轻劳动强度和提高施工效率，又陆续推出了带自动钻杆处理（装卸和冲洗）装置的钻机。

2）导向钻头

导向钻头是导向钻进的关键部件，具有成孔造斜和通磁的功能。成孔是以高压水射流和切削作用共同完成的；造斜是由带斜面的导向钻头钻机、导向仪器的相互配合来实现的。造斜强度的大小与地层条件、钻头斜面的角度、给进力大小、高压射流的压力和流速、钻杆的柔性等因素有关。条件许可时，应尽可能增大曲率半径，以便减小回拉阻力。

导向钻头由探头盒和造斜钻头组成，二者之间一般以插接相连。密封柱兼有密封高压流体和传递钻头扭矩的作用，销限制了探头盒和造斜钻头的轴向位置。高压液体经过滤器过滤后进入探头盒的导流孔，经过密封柱后到达喷嘴，形成高压射流破土。探头盒用来放置探头，其上开有通磁槽，并用非金属材料密封，以防止高压射流进入。通磁槽内填有通磁材料，探头发射的电磁波经通磁槽发射，造斜钻头上的斜板在钻头回转时起辅助的切削作用，在给进时起造斜作用。

图 6-30 所示为适用于不同地层的各种导向钻头，图 6-31 所示为回拉扩孔及铺管时钻具的组合。

3）导向仪器

导向仪器是导向钻进的"眼睛"。一般使用手持式导向仪，它可随钻测出钻头在地下的位置、深度、顶角、工具面向角以及温度和电池状况等参数，使操作人员能及时、准确地掌握孔内的情况，随时调整钻进参数，以实现准确铺管的目的。

手持式导向仪一般由三个部分组成

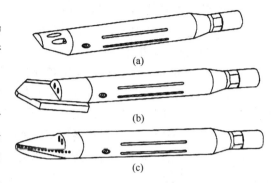

图 6-30　各种导向钻头

(a) A 型（砂钻头）；(b) B 型（万能钻头）；(c) C 型（精确钻头，镶硬质合金）

（图 6-32）：地下探头、手持式地面接收仪和同步显示仪。常用的导向仪是以无线电波为信号载体来传输信息的，也有个别用电磁信号来进行探测。

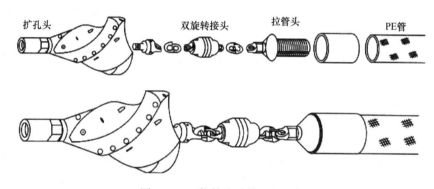

图 6-31　回拉扩孔时钻具的组合

探头装在导向钻头的探头盒内。钻进时，发射一定频率的电磁波，地面接收仪将接收到的信号经译码和计算后显示出来。探头的尺寸一般为直径 20～40mm、长 10030mm。探头内装有传感器、编码器、发射器、电源等。电源多为可充电式干电池，充电一次可使用 12～50h。为了延长电池的使用寿命、降低探头的温度、减少孔内事故，一般探头内还有一套自保护系统。在停止钻进一定时间后能自动关闭电源，处于休眠状态；连续工作一段时间温度上升到一定值时，会自动发出警报。

手持式地面接收仪是接收探头发出信号的地面跟踪仪器，由解码器、微处理器、显示器等组成。大部分接收仪还配有同步发射器，可将从探头接收的信号同步发射到位于钻机处的同步显示器，以便钻机操

图 6-32　RD385 型导向仪器

作者及时调整钻进参数和控制钻孔方向。

（4）定向钻施工过程中的一般注意事项

1）导向孔钻进应符合下列规定

① 钻机必须先进行试运转，确定各部分运转正常后方可钻进。

② 第一根钻杆入土钻进时，应采取轻压慢转的方式，稳定钻进导入位置和保证入土角；且入土段和出土段应为直线钻进，其直线长度宜控制在 20m。

③ 钻孔时应匀速钻进，并严格控制钻进给进力和钻进方向。

④ 每进一根钻杆应进行钻进距离、深度、侧向位移等的导向探测，曲线段和有相邻管线段应加密探测。

⑤ 保持钻头正确姿态，发生偏差应及时纠正，且采用小角度逐步纠偏；钻孔的轨迹偏差不得大于终孔直径，超出误差允许范围宜退回进行纠偏。

⑥ 绘制钻孔轨迹平面图、剖面图。

2）扩孔应符合下列规定

① 从出土点向入土点回扩，扩孔器与钻杆连接应牢固。

② 根据管径、管道曲率半径、地层条件、扩孔器类型等确定一次或分次扩孔方式；分次扩孔时每次回扩的级差宜控制在 100~150mm，终孔孔径宜控制在回拖管节外径的 1.2~1.5 倍。

③ 严格控制回拉力、转速、泥浆流量等技术参数，确保成孔稳定和线形要求，无坍孔、缩孔等现象。

④ 扩孔孔径达到终孔要求后应及时进行回拖管道施工。

3）回拖应符合下列规定

① 从出土点向入土点回拖。

② 回拖管段的质量、拖拉装置安装及其与管段连接等经检验合格后，方可进行拖管。

③ 严格控制钻机回拖力、扭矩、泥浆流量、回拖速率等技术参数，严禁硬拉硬拖。

④ 回拖过程中应有发送装置，避免管段与地面直接接触和减小摩擦力；发送装置可采用水力发送沟、滚筒管架发送道等形式，并确保进入地层前的管段曲率半径在允许范围内。

4）定向钻施工的泥浆（液）配制应符合下列规定

① 导向钻进、扩孔及回拖时，及时向孔内注入泥浆（液）。

② 泥浆（液）的材料、配比和技术性能指标应满足施工要求，并可根据地层条件、钻头技术要求、施工步骤进行调整。

③ 泥浆（液）应在专用的搅拌装置中配制，并通过泥浆循环池使用；从钻孔中返回的泥浆经处理后回用，剩余泥浆应妥善处置。

④ 泥浆（液）的压力和流量应按施工步骤分别进行控制。

5）出现下列情况时，必须停止作业，待问题解决后方可继续

① 设备无法正常运行或损坏，钻机导轨、工作井变形。

② 钻进轨迹发生突变、钻杆发生过度弯曲。

③ 回转扭矩、回拖力等突变，钻杆扭曲过大或拉断。

④ 坍孔、缩孔。

⑤ 待回拖管表面及钢管外防腐层损伤。

⑥ 遇到未预见的障碍物或意外的地质变化。

⑦ 地层、邻近建（构）筑物、管线等周围环境的变形量超出控制允许值。

6）拉管工具头与管道连接时应牢固且采取密封措施，以防在管道回拉过程中浆液进入管道内。管道末端亦应采取密封措施，以防出土坑中泥浆及其他杂物进入管道。

7）拉管工作完成后，新拖入管道与两头管道连接（俗称管道斗拢）完成后，应采取打桩及浇筑混凝土的方式进行固定，以防接口因管道通水承受压力变形漏水。

（5）拉管常见问题及解决措施

在拉管施工过程中，常会碰到如水平定向钻无法正常运行、钻进轨迹发生突变、坍孔或缩孔、拉管结束两端管道承插接拢后接口漏水等问题，如不及时解决，势必影响施工进度及管道的正常运行。

当水平定向钻无法正常运行时，应根据实际情况分别检查动力系统、传动系统、操作控制系统是否存在问题，针对问题及时解决。当在砾石、砂粒、钙质层钻进中，出现卡钻现象时，应及时调整泥浆配比，使用优质膨润土，增加泥浆切力与黏度，使用扭矩大、推力大的钻机和相匹配的钻头，完成导向孔的钻进。当在钻导向孔过程中发生钻进轨迹突变情况时，很可能是遇到了诸如孤石、地下不明管道、木桩等障碍，这时首先应复查地质报告，进一步询问相关管线部门，核实确认拉管范围内地下管线情况，如只是孤石、木桩等一般障碍，可将钻头换成合金钢钻头，如遇地下管道，就需重新绘制拉管轨迹；为防止扩孔过程中坍孔或缩孔，需要根据导向孔施工中产生的土质调配好化学泥浆浓度，并尽量缩短停钻时间，加快钻进速度，保证钻孔不塌方；在拉管结束两端管道接拢后，应及时在拉管区一侧法兰边打桩并浇筑混凝土固定，以防接口漏水。

3. 夯管施工工艺

夯管施工法是指用夯管锤（低频、大冲击功的气动冲击器）将待铺设的钢管沿设计路线直接夯入地层，实现非开挖穿越铺管。施工时，夯管锤的冲击力直接作用在钢管的后端，通过钢管传递到前端的管靴上切削土体，并克服土层与管体之间的摩擦力，使钢管不断进入土层。随着钢管的前进，被切削的土芯进入钢管内。待钢管全部夯入后，可用压气、高压水射流或螺旋钻杆等方法将其排出。

由于夯管过程中钢管要承受较大的冲击力，因此一般使用无缝钢管，而且壁厚要满足一定的要求。钢管直径较大时，为减少钢管与土层之间的摩擦阻力，可在管顶部表面焊一根小钢管，随钢管的夯入，注入水或泥浆，以润滑钢管的内外表面。

夯管施工法适用的管径范围 50～2000mm。施工管线长度一般在 10～80m，最大可达 100m，主要取决于地层条件夯管施工法对地层的适用性也较强，几乎可在任何地层中施工，除含有大粗颗粒卵砾石的土层外，均可使用该法。一般来说，这种施工法的水平和高程偏差可控制在 2‰以内。

施工速度主要取决于夯管锤的冲击力大小、钢管的内径和土层的性能，一般为 5～10m/h，最快时可达 20m/h。

（1）夯管工作原理及施工程序

夯管过程中，夯管锤产生的较大冲击力直接作用于钢管的后端，通过钢管传递到最前端钢管的管靴上，克服管靴的贯入阻力和管壁（内、外壁）与土之间的摩擦阻力，将钢管夯入地层（图 6-33）。随着钢管的夯入，被切削的土芯进入钢管内，待钢管抵达目标坑后将钢管内的土用压气或高压水射流法排出,而钢管则留在孔内。有时为了减少管内壁与土的摩擦阻力,在施工过程中夯入一节钢管后,间断地将管内的土排出。

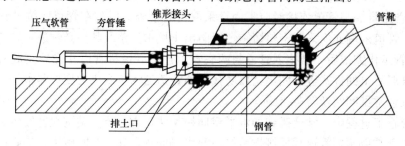

图 6-33　夯管施工法示意

施工前,首先将夯管锤固定在工作坑上,并精确定位。然后通过锥形接头和张紧带将夯管锤连接在钢管的后面(图 6-34)。

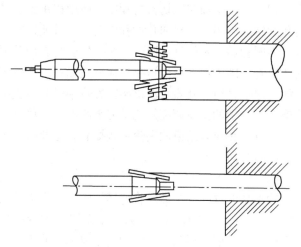

图 6-34　夯管锤和钢管的连接

为了保证施工精度,夯管锤和钢管的中心线必须在同一直线上。在夯第一节钢管时应不断进行检查和校正。如果一开始就发生偏斜,以后很难修正方向。

每根管子的焊接要求平整,全部管子须保持在一条直线上,接头内外表面无凸出部分,并且要保证接头处能传递较大的轴向压力。

当所有的管子均夯入土层后,留在钢管内的土可用压气或高压水射流法排出。排土时,须将管的一端密封。当土质较疏松时,管内进土的速度会大于夯管的速度,土就会集中在夯管锤的前部。此时,可用一个两侧带开口的排土式锥形接头在夯管的过程中随时排土。对于直径大于 800mm 的钢管,也可以采用螺旋钻杆、高压水射流或人工的方式排土。当土的阻力极大时,可以先用冲击矛形成一导向孔,然后再进行夯管施工,如图 6-35 所示。

(2)夯管施工机具

夯管施工时所用的机具主要包括空气压缩机、夯管锤、锥形接头、钢管及管靴。

驱动夯管锤的空气压缩机与驱动气动矛的空压机一样,属于低压空压机,工作压力为 0.6MPa~0.7MPa。但排气量较大,最大达 $50m^3/min$,视夯管锤的直径大小而定。

在施工过程中,由于管子必须直接承受较大的冲击力,因此夯管法只适用于钢管的施工。一般来说,钢管的直径和施工长度是一定的,而管节的长度和壁厚是不定的。管节的长度是由可获得的施工空间和运输等条件决定的。条件许可时,可使用较长的管节,以减少接头的数量和辅助的施工时间。由于运输方面的原因,管节的长度一般为 5~8m,通常为 6m。钢管的壁厚应与管的内径和夯管长度相匹配,以防止管的破裂。

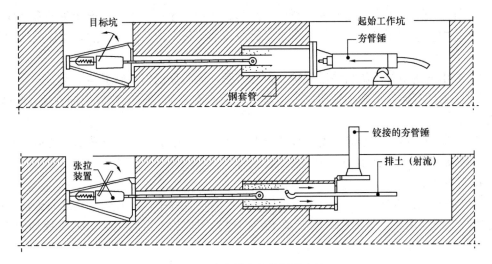

图 6-35　冲击矛和夯管锤联合施工

为了减少摩擦阻力，通常在第一节管的端部焊上内环形或外环形切削具（图 6-36），以形成一定的超挖量。内切削具通常为一个整环，而外切削具则仅覆盖管外周的上部，一般在 270°～320°这一范围，以保证管支撑在底部上。此外，还可每隔 5～6m 焊上类似的外环形切削具。

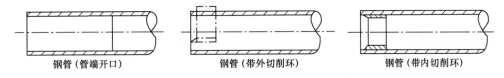

图 6-36　钢管前端的环形切削具

（3）夯管法的优缺点及适用范围

1）夯管法施工的优点

① 对地表的干扰极小；

② 对土层的扰动小；

③ 设备简单、投资少，施工成本低。

2）夯管法施工的缺点

① 不可控制施工方向；

② 不适用于含大卵砾石的地层。

3）夯管法施工的适用范围

① 管径为 50～2000mm；

② 管线长度为 10～80m；

③ 管材为钢套管；

④ 适用于不含大卵砾石的各种地层，包括含水地层。

（4）夯管法施工的一般要求

1）钢管组对拼接、外防腐层（包括焊口、补口）的质量经检验（验收）合格；钢管接口焊接检验符合设计要求。

2）管道线形应平顺，无变形、裂缝、凸起、凸弯、破损现象；管道无明显渗水现象。

3）管内应清理干净，无杂物、余土、污泥、油污等；内防腐层的质量经检验（验收）合格。

4）夯出的管节外防腐结构层完整、附着紧密，无明显划伤、破损等现象。

5）夯入的起始管节，其轴向水平位置、管中心高程的允许偏差应控制在±20mm范围内。

6）夯锤的锤击力、夯进速度应符合施工方案要求；承受锤击的管端部无变形、开裂、残缺等现象，并满足接口组对焊接的要求。

4. 沉管施工工艺

沉管法施工技术早在19世纪末就被用于排水管道工程中，随着经济建设的迅猛发展，沉管法被广泛应用，近年来在供水管道工程中得到了应用。沉管施工工艺流程如图6-37所示。

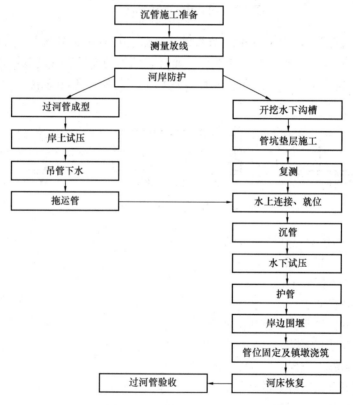

图 6-37　沉管施工工艺流程

（1）沉管施工方法

1）施工准备

根据工程施工的要求与相关部门协调好施工现场的场地、临设、材料堆放等事宜的落实，组织施工技术人员熟悉施工图纸，配备有施工经验的施工人员和性能良好的施工设备进入施工现场投入生产，确保施工质量和工期。

2）测量放样

施工前，须对工程水域进行原始河床测量，绘制地形图，经业主、监理单位认可后，计算出实际的水下开挖工程量后才能进行下道工序施工。

在现场建立坐标测控点，定出管道对接点、转折点，并沿管轴线及开挖边线延长线方向用红、白标杆做好标志，便于沟槽开挖。永久平面控制点、高程点建在不易破坏处，另布设临时水准点，并在水边钉立水尺，便于及时掌握水位。

根据提供的测量坐标点，建立水下沟槽测量控制网，近岸处采用导标法控制，即在开挖轴线和边线向河岸内的延长线上，用钢管作为导标，前后导标间距一般为20m，晚上开挖在导标上设置红灯。远岸段开挖线采用浮标法控制，在水上开挖边线和轴线上设浮标，浮标间距一般为20m。沉放浮标时采用经纬仪交会法控制浮标的轴线和距离，浮标沉块和连接绳的长短根据水深及潮位高差来定，以保证高潮位和低潮位时目标精准。

为了保证开挖沟槽的位置准确，在开挖过程中，岸边轴线上架设全站仪一台，通过对讲机联络，随时控制挖泥船的开挖线。

3）水下沟槽开挖

管道沟槽可采用两栖式挖泥船和旋挖式清淤船配合进行开挖。为了防止河内淤泥向已挖沟槽内滑入，采用二次清理沟槽的方法。平面控制采用在岸上建立交会坐标的方法进行定位，控制船只的位置。采用"全站仪、GPS和导向标"相结合的方法进行施工平面的控制，深度控制则根据水位的变化随时调整，以确保沟槽开挖的质量。开挖时要根据导向标和水尺的记录，保证沟槽轴线的准确、槽底的平整。并设专人负责自检工作，沟槽的轴线、宽度、深度、平整度、坡比均应符合设计及规范的要求，并做好相关记录，以便及时备查和修正。沟槽开挖以两栖式挖泥船和旋挖式清淤船为主，同时结合水力冲挖进行施工。河底管槽基础呈圆弧形，开挖时旋挖机与清淤机头与头相对，同时进行沟槽开挖施工。

沟槽开挖完成后，由潜水员潜入河底摸槽，对局部欠挖的地方采用水力冲挖进行修整。开挖完一段后，用测深仪对成型沟槽进行测量，对欠挖点采用泥浆泵吸除法施工，由吸泥管水下工作，潜水员水下高压水枪扫土，将欠挖部分清扫至设计标高，移船至下一断面进行开挖，断面与断面间不得留有接埝。

4）垫层

水下沟槽开挖完成后，先进行水下粗整平，粗整平结束后进行细整平。

先制作特制水下整平托架，由工程驳船配合放入已粗平的沟槽中，安放时位置由陆上器控制，沉入沟槽中的托架高程由测深仪控制，托架由型钢、垫块、滑板等材料组成。水下管沟槽细整平，由潜水员在水下配合操作，制作一个与水下管沟槽宽度相合的刮板，由定位船在船舶定位好的前提下，利用船舶自身的卷扬机进行牵引刮平，保证管沟槽底部的平整度。在细整平的过程中须不断地对管底高程进行测量，不断地进行调整，从而满足设计和施工的要求。

5）管道组焊及吊运

① 管道焊接

先在岸边施工场地将管道焊接成型。在管道焊接前先平整好管道焊接成型的场地，场地的尺寸应足够大。管道采用焊接方式连接，焊接完成后，须对组对接口进行检验，钢管焊接检验包括外观检验和无损检测，PE管熔接主要采用外观检验，检验合格后进行试压，按照现场情况可分段试压或整体试压。

② 管道吊运

管段在陆上场地成型后，再进行整体吊装安放工作。最重要的一个环节就是管段吊放下水。为确保管段安全起吊下水，要统一指挥、统一步调。每一节管段要准确计算重量后，选择合适的吊装方式，再进行吊装。为确保人员设备的安全，可采取吊车与多艘吊船同时吊装的方法，将成型的管段从岸上吊送至水面预定位置。

6）沉管

① 管道进水。当管道完全到达沟槽上方时，打开两管端阀板上面的排气阀，同时打开进水阀门，向管道中灌水。

② 管道下沉。随着水不断地灌入，管道逐渐下沉，为保证管道均匀下沉，各吊点的分布要注意合理性。在管道沉放的过程中，须不断进行管中线与沟槽轴线校正的测量工作，当管道底部距离沟槽底还有最后20cm时停止下沉，岸上的测量人员对管道轴线进行最后检查，直至准确无误后，再将管道沉至沟槽基础上。

③ 管道定位。当沉管完成后，由潜水员下水进行重新检查，检查管底与沟底接触的均匀程度和紧密性，管下如有冲刷和掏空的情况，再采用粗砂或砾石进行铺填。

④ 管道试压全部管道对接完成，沉放到位后，须对管道进行整体水压试验。

7）护管

① 袋装砂包包裹

根据设计要求在沉管结束后，由陆上人员配合潜水员将管道周边采用袋装砂包进行水下包裹。根据设计要求砂包中要填充碎石。把船舶在管中线的位置定位，通过串管溜滑到水下，同时由潜水员配合进行铺放碎石填充平整后，根据现场情况确定抛石位置，在测量人员的指挥下，按顺序抛填块石抛投过程中，在测量人员的配合下，严格控制抛投高程，做到不欠抛、漏抛。

② 回填

根据设计规定的回填材料进行回填，由测量人员跟踪测量，确保回填的质量。

（2）沉管施工过程注意事项

1）水面作业

① 施工期间需向航道管理部门申请发布航行通告。

② 水面作业均应备足救生衣具，进入作业现场必须穿救生衣。

③ 在水面作业施工区边界抛设浮筒，浮筒上设信号灯和信号球，以此隔开通航区和施工区。

④ 工程船舶锚泊时，白天应挂信号旗等规定信号，夜晚应有灯标且派专人值班。

2）潜水作业

① 潜水员和潜水助理必须严格遵守操作规程，潜水作业前必须对专用设备进行检查，发现问题及时解决，确保安全正常运转，并配备有应急设备。

② 潜水员下水作业时，潜水助理应坚守岗位，接听潜水电话。潜水作业结束后，整理好潜水设备。

③ 水面与潜水同时作业时，两者要相互协调、密切配合，不能各自为政、单方面抢赶进度。

④ 水下电割、电焊作业时，应使用专用工具，采用直流焊机提供电源，潜水员佩戴绝缘橡胶手套。

3）电焊作业

① 电焊工必须严格按规程操作，开工之前首先要取得动火证。

② 电焊机要定期进行检验和试验，防止短路和漏电，阴雨天禁止露天作业。

③ 使用气割设备时，必须有安全回火装置。

④ 在管道内焊接时，要注意通风透气，防止中毒和发生爆炸事故。

4）船舶施工安全作业

为确保水上施工安全，施工项目部安全技术人员须向施工船舶交底，其内容包括有关安全作业的条件和措施。

船长领到任务后，首先了解现场情况，然后向船员交底。

① 起重船安全作业要点

A. 开始作业前，各岗位要对设备机具进行检查，待一切正常后，才允许作业。

B. 起重操作由船长统一指挥，哨音要清楚，手势要准确，操作员要坚守岗位、集中精神、听从指挥。

C. 起重作业严格遵守"六不吊"，即吊钩与重物重心不在一铅垂线上不吊；超负荷不吊；水深不够不吊；有风浪影响安全不吊；视线不清不吊；吊物上下有人不吊。

D. 利用机动艇送缆时，缆绳要放松。

E. 吊大件物品时，主绞车必须用慢速，稳起稳落，严禁突然刹车，注意升起高度，防止吊钩绞顶和大件物品碰吊杆。

F. 吊水下不明物时，船长要特别慎重，要同司机加强联系，密切注意负荷表和船舶吃水变化，严格控制，不准超负荷。

G. 吊物移船时，要保持船平稳缓慢移动，防止吊物摇摆不定发生危险。

② 安全作业要点

A. 船长接受任务后，要向船员交底。

B. 挖掘船定位后，应按规定悬挂信号。

C. 锚缆布置应便于泥驳进出。

D. 挖泥过程中应时常观察挖泥标志和潮位标志，严格控制挖船位置，准确控制挖泥断面。

E. 移船定位后，开始挖泥时项目部必须留有足够的人员坚守岗位值班。

F. 在港内或河道挖泥时，若有来往船舶通过，要及时放松锚缆。

G. 严禁带抓斗起吊重物。

5. 架桥管施工工艺

在城市供水管道跨越河道时，往往采用架桥管施工工艺，架桥管施工一般由桥墩、钢管组对焊接、桥管吊装就位组成。当管道口径较小、地基条件较好且跨越的河道不宽时，般采用简易桥墩；当管道口径较大、地基承载力条件不满足要求且河道较宽时，一般采用钻孔灌注桩桥墩。

（1）钻孔灌注桩

钻孔灌注桩工艺流程如图 6-38 所示。

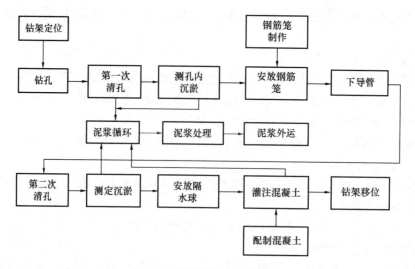

图 6-38　钻孔灌注桩工艺流程

1）定位测量放样

清理施工现场障碍物，现场施工范围内的垃圾杂草全部清理外运；修建临时便道；平整临时场地。依据设计图，放出纵轴线与平面位置。

2）拆除障碍

施工位置位于河边，应有防汛措施。与当地防汛部门保持密切联系，施工时不得损坏防汛墙及现场防汛设施。施工完毕后对护坡进行修复。

3）平台搭设

河道内全部用支架平台搭设，一般采用圆木桩打入河道内，必须保证圆木桩打入实土中。圆木桩打好后，在桩顶纵向搁设方木，形成平台骨架。并确保有足够的刚度、强度及稳定性，以便钻机能在平台上稳定、安全施工。

4）埋设钢护筒

护筒是起固定桩位，保护孔口、隔离地面水，保持孔内水位高出地下水位，确保孔壁不致坍塌等作用。

钢护筒应拆装方便、可重复使用，一般制作成哈呋节，采用螺栓拼接，护筒两端用法兰连接。护筒各接缝采用橡胶垫，防止漏水。最下节护筒可根据现场实际需要适当加长，下端设加强环箍防止变形，护筒头部设刃脚。

护筒埋设完毕，应对平面位置、顶端标高、垂直度进行复测。

护筒拆除须待混凝土达到强度后方可进行。

5）钻孔

钻机安装就位后，底座和顶端应平稳，在钻进过程中不应产生位移和沉陷。钻孔前对机身进行检查，并备好各种易损物件，钻孔时应严格控制孔内的水位，并做好钻头的进尺记录，成孔施工应不间断地完成，不得无故停钻，成孔过程中孔内泥浆应保持稳定。

钻孔用泥浆主要是由黏土和水拌成的混合物，必要时可采用膨润土取代黏土。

泥浆沉渣用密封车运至堆放场地，泥浆不得随地排放。

6）清孔

清孔的目的是置换孔内的泥浆，清除钻渣和沉淀层，尽量减少孔底沉淀厚度。

采用换浆法清孔时，清孔分两次进行，第一次在钻孔完成后进行，第二次在下放钢筋笼和灌注混凝土导管安装后进行。清孔后在 30min 内灌注混凝土，超过 30min 应重新清孔。

7）下放钢筋笼

吊放钢筋笼，就位固定，钢筋笼宜分段制作、分段吊放，接头处用焊接连接。吊放时细心轻放，不可强行下插，以免产生塌孔落土，吊放完毕后应进行标高复测，将钢筋笼加以临时固定以防移动

8）灌注混凝土

导管为灌注混凝土的重要工具，导管先在孔旁分段拼装，吊放时再逐段拼接。拼接前检查导管内壁圆滑、顺直、光洁、无局部凹凸。

在灌注前必须做好混凝土的数量预算。灌注过程中注意导管应始终埋在混凝土中，严禁将导管拉出混凝土面，以免形成断桩。

灌注水下混凝土应连续进行，保持导管埋入深度，正确计算导管的提升和拆除。

9）接桩及承台浇筑

按设计图纸尺寸、标高进行接桩及承台钢筋的绑扎与支模。经验收合格后，进行混凝土的浇筑。浇筑时，应严格按照混凝土施工规范进行，做到外光内实，表面平整，无露筋、空洞、裂缝、蜂窝等。准确埋好预埋件，然后按规范的规定进行养护，确保混凝土的强度质量。

（2）管道支架与钢管吊装

灌注桩承台达到强度后，在承台上面根据设计图纸要求安装管道支架。管道支架与管的接触面应平整、洁净；导向支架或滑动支架安装应无歪斜、卡涩现象。

在钢管组对焊接完成并经检验合格后，就可对钢管进行吊装就位。供水管道架桥管的吊装一般采用吊机。根据管道重量及吊装距离选择合适的吊机，吊装前，应编制管道吊装专项方案。

管道吊装时应注意：

1）采用吊环起吊时，吊环应顺直；吊绳与起吊管道轴向夹角小于60°时，应设置吊架使吊环尽可能垂直受力。

2）管节（段）吊装就位、支撑稳固后，方可卸去吊钩；就位后不能形成稳定的结构体系时，应进行临时支承固定。

3）利用河道进行船吊起重作业时，应遵守当地河道管理部门的有关规定，确保水上作业和航运的安全。

（二）质　量　检　查

1. 故障分析知识

管道系统运行中常见的故障有管道堵塞、渗漏和管道变形。

（1）堵塞

1）管道堵塞的主要现象

当管道系统通入介质后，有的地方有介质，有的地方无介质。例如供热管道通入热水后有的部位不热，输油管道通油后支管处未见油，压缩空气管道通入空气后支管处没有压力等，多是由于管道系统局部堵塞造成的。

2）形成管道堵塞的原因是多方面的，但主要原因有以下几种：

① 在安装前没有很好地清理管道内杂物，或者在焊接时焊渣或氧化皮落入管内，通入介质后被介质携带到弯头、三通、变径管或阀门等局部阻力大的地方被集中在一起，形成局部堵塞或者被完全堵死。

② 管道系统中的阀件组装不合格，使用时阀芯掉入阀座不能被提起来，虽然阀件表面呈开启状态，实际因阀芯未提起使管道局部被堵塞。

③ 管道系统吹扫、冲洗不彻底，一些污物未被排出，集中起来也能堵塞管道。

④ 有些特殊介质管道试运行时没有按要求处理，也能造成堵塞。例如氟利昂管道系统中因干燥不彻底，灌入制冷剂后，会在热力膨胀阀处形成冰塞而造成管道堵塞。

⑤ 由于管道系统局部设置不合理，也会形成气堵或水堵。例如蒸汽供暖系统中绕梁弯管处或跨门低坑弯管处就容易形成堵塞。

3）排除故障的方法

当管道系统发生堵塞故障后，要仔细分析可能发生堵塞的部位，准确判定后，根据堵塞部位的不同采取不同的处理方法。例如，经分析后认为属于污物堵塞，那么这种堵塞多发生在支管、三通、弯头、变径管、阀门处，轻者可用木槌敲击，仍不能疏通时，可用加压方法吹洗，严重者应将堵塞处割开进行清理；如阀门的阀芯坠落时，应将阀体拆卸后重新进行装配；如果属于氟利昂系统膨胀阀处有冰塞，则用热水冲洗冰塞处使管内结冰溶化，系统就能畅通。

在处理堵塞故障时，如是支管堵塞，可部分停止试运行。如堵塞在主管上，则应放掉介质，待疏通后重新输入介质进行运转。

（2）渗漏

1）渗漏的表现形式

① 管道系统中局部有渗水、滴水现象，如在供水管道和热水供暖中的阀门、螺纹连接、法兰连接等处容易发生。

② 管道系统有气体逸出，如氧气管道、蒸汽管道、压缩空气管道等，当渗漏较严重时在渗漏处常伴有吱吱的响声。有些气体还可闻到异味，如氨气管道、乙炔管道、煤气或天然气管道等。当渗漏较小时可用肥皂水涂刷进行检查。

2）渗漏形成原因分析

① 管道系统试运行时发生渗漏，多属于管道进行试压时不彻底所致，或虽然试压合格，但管道系统停放时间比较长、管道发生变化所致。

② 因管道及附件产品质量不合格，螺纹加工有缺陷或焊缝中有气孔、夹渣、裂纹等所致。例如焊缝、管接头、法兰、阀门、阀杆的填料及管道本身的砂眼、裂纹等处的渗漏现象。

③ 排除渗漏故障的方法以及对渗漏故障的处理，应根据渗漏部位和管内介质的不同而异，可分别采用紧固、补焊、添加填料或更换填料、垫料等方法。对于供水、供热管道，当渗漏不大时，可采取降压补焊或添加填料等方法；当渗漏较严重时，可将水放掉或

停汽后再进行补焊或添加填料。对于易燃、易爆性介质的管道，如氧气、煤气、天然气管道等发生渗漏故障时，必须停气后放掉系统内的介质，并经吹扫合格后方能进行补焊。

3）检漏的方法

及时发现和堵塞管道渗漏是防止路面和建筑物坍塌、降低供水成本、提高管网水压和充分发挥给水系统效益的重要工作，应定期分区进行。

具体检查方法及检测仪器在下一节"管道的维护与修理"部分作详细介绍。

（3）管道变形

1）管道变形的主要现象

管道变形是指管道系统通入介质后，使某部分管道改变了原来安装时的形状、坐标和标高位置，严重者可使管道产生断裂。

2）形成管道变形的原因分析

① 管道在焊接对口处存在有内应力时，当温度或压力变化，该部分就产生变形。

② 管道安装后，未按设计要求的位置安装固定支架或滑动支架，当温度或压力发生变化时，造成管道位移而产生变形。

③ 热力管道的补偿器安装不合理或安装时未做预拉伸，通入介质后担负不了膨胀量，会造成管道变形。

④ 热力管道系统布置的疏水器安装位置不合理，管道安装坡度不正确，导致管内积存冷凝水，当通汽后管内会形成水击，导致管道发生变形。

⑤ 热力管道在正式运转前没有进行充分的暖管过程，通入介质使管道温度突然升高，造成管道变形。

⑥ 管道本身设计强度较低，也会使管道发生变形。

3）排除管道变形的方法

① 管道试运转时发生较小或轻微变形，可继续运行，待试运行结束后再进行处理。对较大、较明显的变形，可能造成断裂或渗漏等危险，应立即停止试运行进行彻底处理。

② 处理管道变形的方法，应根据具体情况而采取不同的措施。如因温度变化而管道膨胀形成的变形，当系统停运后温度降低时一般会复原，这时应增加固定支架或改换补偿器设置位置等。如果是因疏水器效果不佳、位置不合理或管道坡度不对时。应改变疏水器设置位置，改换合适的疏水器，调整管道坡度，使管道中的凝结水疏水畅通，排水顺利。如因系统运行操作不规范或暖管时间短，应经重新暖管后再开大供汽阀门。

2. 质量缺陷分析知识

由于管道工程的施工环境自然条件复杂，材料品种繁杂等因素，工程质量问题的表现形式千差万别，类型多种多样，但通过大量质量问题调查与分析发现，其发生的原因有不少相同或相似之处，可归纳为以下几方面原因：

（1）违背建设程序。

（2）工程地质勘查失真。

（3）设计计算差错。

（4）施工材料及配件不合格。

（5）施工与管理问题不到位。

（6）自然环境因素。

（7）结构使用不当。

（三）管道的维护与修理

1. 巡线

巡线是管网管理工作的重要组成部分之一，是预防管道发生故障的积极措施。

（1）巡线的作用

1）通过巡线，可以发现是否有供水管道漏水或附属设施损坏，及时安排维修，避免小漏变成大漏。

2）通过巡线，可以发现供水管道或附属设施是否存在安全隐患，及时安排整改，避免安全隐患变成安全事故。例如发现明管存在锈蚀的情况，或者明管保温缺少的情况，或者发现过河过桥管线的支桩、支墩存在开裂、位移的情况等。

3）通过巡线，可以发现其他施工影响供水管道或附属设施安全的问题，及时加以阻止，避免挖坏管线或者造成对管线的非法压占等情况。

4）巡线人员可以配合其他施工单位进行地下供水管线交底，指明地下供水管线的具体位置，避免施工破坏供水管线。

（2）巡线的工作内容

1）巡视市政道路以及居民小区内的管线及附属设施（消火栓、阀门）是否存在漏水的情况。如有发现，需要及时维修。

2）巡视市政道路以及居民小区内的管线及管线附属设施（消火栓、阀门井、泄气阀）是否存在被圈、压、埋、占等情况。如有发现，需要及时整改。

3）巡视阀门井、水表井的井室状况及井盖情况。发现井室出现下沉、倾斜等情况，或者发现井盖缺失、井盖周边道路破损严重等情况，需要及时整改，避免引发行人摔伤或车辆损失等事故。

4）消火栓的日常巡视，包括以下内容：消火栓是否缺件，消火栓位置是否不佳，消火栓是否存在被压占、圈进等影响使用的情况，消火栓是否破旧、需要重新刷漆出新，是否存在违章使用消火栓等。

5）过河过桥管的日常巡视，包括以下内容：过河过桥管管道外壁及其金属管梁、管托的防腐、防锈情况是否良好，吊管零件是否松动、锈蚀，管托支桩、支墩有无开裂、沉降情况（特别是大雨过后），管道及排气设施保温层是否需要更换或加装，防爬刺、警示牌是否需要维修、更换或加装等。

6）凡穿越铁路或其他建筑物，管沟的检查井要定期打开检查（一年至少一次）。

7）注意供水管道与厕所、化粪池、粪坑等污染源的距离。一般不小于 2m，并且管线应有相应的保护措施（如加套管等）。

8）注意阻止非饮用水管线、自设加压设备与供水管道勾通。自备水源井即使作为饮用水也不允许与市政管网勾通。以上各种情况必须另设水池，从水池中抽水。水池的构造应保证不渗漏，水池的进水口应高出溢水口 10cm 以上，防止其他水倒流进入自来水管网。

9）注意沿供水管线走向有无施工刨槽取土的情况，避免因覆土减少发生冻管或压坏管道的情况。特别是管道支墩部位，严禁开挖和扰动，以免管道发生整体位移造成爆管事故。

10）发现其他施工影响供水管道或附属设施安全的问题，及时加以阻止，避免挖坏管线或者造成对管线的非法压占等情况。

11）配合其他施工单位进行管线交底，向其指明管线位置，提醒施工单位在管线上方做明显的标识，防止施工过程中损坏给水管道。

12）做好给水管道的现场施工看护工作，督促施工单位开挖探沟，探明管道位置以及埋深。给水管道与其他管线水平、垂直交叉时，根据实际情况和相关规范要求制定处理方案，确保管线水平间距和垂直间距满足相关规范要求以及维修间距要求，既确保管线安全，又保证管线的后续正常维修。此外还要注意因施工暴露出来的钢管保护层是否被破坏，管线附近是否有打桩机、搅拌机、轨道塔吊等会对管线安全产生影响的设备，管线是否会被砌进污水井、电缆井或其他构筑物中等情况。

（3）巡线人员应掌握的管网管理工作的规定

巡线人员首先应掌握各自负责区域内的管网分布情况、管道口径、管道材质、埋设年代、管网压力、阀门位置、消火栓分布、管网近期的检修情况等。另外，巡线人员还要掌握一些与管网管理相关的规定和规范，以便更好地开展工作。

1）管道埋深。

① 原则上管道埋深应超过冰冻层，避免管道受冻。

我国冻土带主要分布在北纬 30°以北的广大地区，北纬 30°以南几乎不见冻土。我国各地的冻土深度不一，杭州为 5cm，南京为 10cm，北京为 85cm，沈阳为 120cm，哈尔滨为 200cm。凡管道覆土小于冰冻层厚度的，管道要做保温措施。

② 除满足冰冻层厚度要求外，管道的埋深还要满足管道受外界载荷碾压时应有足够的覆土保护。管道上方的覆土也不是越厚越好。管道埋深越大，土层不均匀沉降的概率越大，越容易造成管道接口、钢管焊缝处发生断裂。不同的管径均有对应的最大允许埋深。管径越大，最大允许埋深越小。

2）给水管与其他管线及建（构）筑物之间的最小水平净距的规定。

根据《城市工程管线综合规划规范》GB 50289—2016，给水管线与其他管线及建（构）筑物之间的最小水平净距见表 6-4。

给水管线与其他管线及建（构）物之间的最小水平净距（m）　　　　表 6-4

序号	建（构）筑物或管线名称		与给水管线的最小水平净距	
			$d \leqslant 200mm$	$d > 200mm$
1	建（构）筑物		1.0	3.0
2	污水、雨水管道		1.0	1.5
3	再生水管线		0.5	
4	燃气管	中低压 $P \leqslant 0.4MPa$	0.5	
		高压 $0.4MPa < P \leqslant 0.8MPa$	1.0	
		$0.8MPa < P \leqslant 1.6MPa$	1.5	

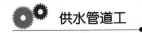

续表

序号	建（构）筑物或管线名称		与给水管线的最小水平净距	
			$d \leqslant 200mm$	$d > 200mm$
5	直埋热力管线		1.5	
6	电力管线（直埋、保护管）		0.5	
7	通信管线（直埋、管道、通道）		1.0	
8	管沟		1.5	
9	乔木		1.5	
10	灌木		1.0	
11	地上杆柱	通信照明及<10kV	0.5	
		高压铁塔基础边（≤35kV、>35kV）	3.0	
12	道路侧石边缘		1.5	
13	有轨电车钢轨		2.0	
14	铁路钢轨（或坡脚）		5.0	

3）给水管线与其他管线最小垂直净距的规定。

根据《城市工程管线综合规划规范》GB 50289—2016，给水管线与其他管线最小垂直净距见表6-5。

给水管线与其他管线最小垂直净距　　表6-5

序号	管线名称		与给水管线的最小垂直净距(m)
1	给水管线		0.15
2	污水、雨水管线		0.40
3	热力管线		0.15
4	燃气管线		0.15
5	通信管线	直埋	0.50
		保护管、通道	0.15
6	电力管线	直埋	0.50
		保护管	0.25
7	再生水管线		0.50
8	管沟		0.15
9	涵洞（基底）		0.15
10	电车（轨底）		1.00
11	铁路（轨底）		1.00

4）所有各类地下管道不允许上下重线安装。

5）给水管线与其他市政管网交叉时的处理原则和方法。

随着城市的快速发展，地下空间越来越拥挤，在市政工程施工过程中往往会遇到给水管线与其他管线交叉的情况，根据实际施工经验以及相关规范要求，可以总结成以下几点原则：

　　① 压力管道让重力管道。

　　② 柔性管道让刚性管道。

　　③ 小口径管道让大口径管道。

　　④ 无规划管道让有规划管道。

　　原则上其他管道不能直接压在给水管道上。给水管道也不能直接压在其他管道上。上下管道之间应算出安全间距以及维修间距，间距应满足规范要求（表 6-5）。管道间距满足不了规范要求的情况卜，需要对交叉部位进行局部改造或保护。

　　给水管与污水管交叉时，给水管应当在上面，且管外壁相距不得小于 0.4m，如果污水管在上面，在交叉部位，给水管要加套管，套管长度应从交叉点处每侧引出至少 1m。

　　管道与管道之间应做好保护垫层，垫层厚度不少于 20cm，可以采用二灰结石或者天然级配砂石，振捣夯实，并洒水分层夯实。

　　6）埋深较大或较小、无法开槽施工或者不能开槽检修的管道，可以采用管沟的埋设方式。

　　① 管沟按结构可以分为钢筋混凝土管、砖墙钢筋混凝土盖板方沟、钢筋混凝土方沟三种，按照是否通行分为通行式和不通行式两类。

　　② 使用管沟的几种情况：

　　A. 穿越铁路；

　　B. 穿越高速公路；

　　C. 穿越立交桥的挡土墙及其快速道路路口；

　　D. 穿越永久性建筑物（管道必须在其下穿过）或与构筑物距离过近（净距小于槽深）；

　　E. 穿越河流或位于污水管下方。

　　③ 当管沟端部开槽抽出管道检修有困难时，应采用通行式管沟。

　　④ 管沟结构形式的选用：

　　A. 采用顶管施工时，首选钢筋混凝土套管；

　　B. 明槽施工时，首选砖墙钢筋混凝土盖板方沟；

　　C. 钢筋混凝土方沟仅用于有特殊需要的明槽施工。

　　⑤ 管沟的两端应做检查井，沟底应做 1‰坡度，坡向检查井。

　　⑥ 通行式管沟的宽度应不小于管径加 1.2m，总高不小于 1.8m，管道下方间距不小于 0.5m，管道上方间距不小于 0.6m。

　　⑦ 不通行式管沟的直径或宽度应不小于管径加 0.4m。

　　⑧ 管沟的具体形式和具体尺寸应根据现场情况，由设计单位负责具体设计。

　　7）给水管穿越铁路时，首先要与铁路有关单位联系，一般做法是加套管或者建设箱涵，并采取顶进的办法，套管及箱涵两端要设检查井。

　　8）给水管道穿越河道时，可采用建管桥或在桥梁建设时预留管架的方法。除此之外，也可选择拉管或者顶管穿越河道。

　　9）管线原则上不允许被压占，但是实际上管道上面不可避免会临时堆积建筑材料等物品。如果堆积物品过重，有可能引起管道破裂变形。必须经过核算得出允许堆放的质量和高度。

10）常见的管线保护措施

常见的管线保护措施包括以下几种。

① 打桩支护：包括木桩、钢板桩、混凝土桩等。

② 悬吊保护：主要针对给水管道横跨施工沟槽的情况。采用什么样的悬吊措施与管道的口径、材质、悬空距离、接口类型、管道使用年限、管道位置等因素有关，具体的悬吊保护方案必须经过严密的计算和论证后方可实施。

③ 通过换土、注浆等方法对管道周边土壤进行改良，提高管道周边土壤的稳定性。

④ 通过冷冻法将管道周边土壤进行冻结，提高土壤的稳定性。

管线保护措施的选用，要根据现场的实际情况，可以采取单一的保护措施，也可以多种保护措施结合使用。具体采用何种保护措施，必须经过严密的计算和论证。

2. 检漏

（1）漏损率及检漏的方法

1）漏损率

漏损率指管网漏损水量与供水总量之比，通常用百分比表示，这是衡量一个供水系统供水效率的指标。

城市自来水漏损率应按下式计算：

$$R_{WL} = (Q_s - Q_a)/Q_s \times 100\% \tag{6-15}$$

式中　R_{WL}——漏损率，%；

　　　Q_s——供水总量，万 m^2；

　　　Q_a——注册用户用水量，万 m^2。

2014 年，我国城市公共供水系统（自来水）的管网漏损率平均达 15.6%。我国水资源相对缺乏，660 个城市中有上百个城市供水短缺。由于供水管网漏损严重，全国城市供水年漏损量近 100 亿 m^3。这使得国家耗巨资给各地城市的调水有不少已经白白流失。住房和城乡建设部已要求各地加快供水管网的改造步伐，在 2005 年年底以前完成对严重老化和漏损管网的改造任务。有关文件要求，各地要将供水管网改造作为重点项目，加大财政投入；各地城市维护建设资金要明确一定的比例专项用于管网的改造；供水企业要积极筹措资金，确保管网改造所需资金按工程建设进度足额到位。

2）判定地下供水管线存在漏水的主要方法

① 裸视法。即不借助相应的工具或仪器，直接用眼睛发现漏水的方法。一般情况是发现地面冒水、下陷、泥土异常潮湿、绿化地带植物明显茂盛等情况，还有就是发现阀门井及供水管线附近雨水井、污水井存在不间断的清澈流水，再结合对管道和其他相关因素的分析判定，确定供水管线存在漏水的情况。这种方法的优点是成本低、成功率高，缺点是漏点发现率较低。

② 区域装表法。即在供水区域的进水管上安装计量水表（或流量计），通过对用水量的统计和分析，发现用水量突然增加的情况，排除非漏水因素的影响后，可以初步判定供水管线存在漏水的情况。区域装表法中，水表的精度、阀门紧密性是影响测漏结果的两大因素，任何一个因素不满足要求，都会严重影响测量结果，甚至导致错误结论。要排除这两大干扰，要精选水表并检修闸阀。另外，区域装表法中的抄表时间要一致，不能相差

太远。

③ 音听法。现在最常用的探漏方法，大多是通过对泄漏噪声的侦听和处理来实现的。尽管已经有多项其他测漏技术出现或被正式应用，但最成熟和经济的方法仍然是听音法，所以有必要从理论和实际两个层面上掌握泄漏噪声的特性及其传播，只有这样才能更好地运用听音设备来探测隐蔽的泄漏点，节约水资源，提高经济效益。

音听法是利用音听设备对地面漏声或管道漏声进行采集处理，从而发现隐蔽漏点的一种方法。一般利用音听法判定漏点后，还经常利用打钢钎或钻孔法加以验证，以确认漏点判定是否正确。音听法的优点是设备简单、投资较少、操作简便灵活；缺点是有时受环境噪声的干扰，需要一定的实践经验，易受一些假象的影响，依赖于水压等条件，处理某些渗漏常常有困难。

3）确定具体漏水位置的方法

判断供水管线存在漏水后，需要对漏水的位置进行精准定位，以便维修。确定漏点的常规顺序是：面、线、点。先通过区域装表法或其他供水异常来确定漏水区，在此基础上用逐渐缩小测量区的方法或逐条管道听音、测压等方法确定漏水管段，接下来用音听法精确定位漏点，确定具体漏点后，最好用打钢钎听音或钻孔来验证，以提高漏点探测的成功率，当然在某些已知泄漏管段或漏点大概位置的情况下，也可以从某条管段或某个点附近直接查找漏点，精确定位。

（2）常用检漏设备

1）听音杆

听音杆是最常用的听漏设备，虽然功能有限，但因为其造价低廉、操作简单，仍然受到广大测漏人员的喜爱，有些部门几乎人手一根。听音杆分为机械式听音杆和电子听音杆两种。机械听音杆又有木质结构和金属结构两种。

听音杆的原理是直接在管道暴露部位拾取泄漏噪声、判断漏点。现在的机械听音杆有一个简单的机械放大器，电子听音杆则配有集成电路对漏声进行放大和滤波处理，由于具有放大和滤波功能，电子听音杆的灵敏度往往高于机械听音杆，但机械听音杆听到的是原声，有经验的操作人员有时可以利用微小的原声来判定是否漏水。

听音杆有时也用于精定位，其作用是缩小可疑范围，直到把漏点确定在某两个暴露部件的中间，精确定位还是要依靠听漏仪、相关仪等设备。现在有些听漏仪上就配备了电子听音杆，如德国福润茨公司生产的 DLS500 听漏仪就配有精巧灵敏的电子听音杆（图 6-39）。

2）听漏仪

听漏仪又称地面听漏仪，主要由拾音器、信号处理器和耳机三部分组成。其工作原理是利用地面拾音器收集漏声引起的振动信号，并把振动信号转变为电信号转送到信号处理器，进行放大、过滤等处理；最后把音频信号送到耳机，把图形、波形或数字等视频信号显示在显示屏上，帮助确定漏点。拾音器有压电式、磁电式、电容式等多种形式，一般以压电式和磁电式为主。拾音器的灵敏度是听漏仪性能的关键指标之一。除此以外，听漏仪的性能主要取决于主机的滤波和分析功能。好的仪器可以很好地过滤干扰噪声和短时噪声，把有效信号保留并放大。

听漏仪是用于漏点精确定位的仪器，在已知泄漏管段的情况下，用听漏仪沿管线做

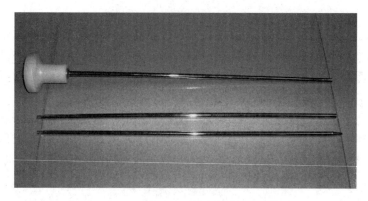

图 6-39　听音杆

"S"形逐步探测,最终根据泄漏信号的强、弱确定漏点位置(图 6-40)。

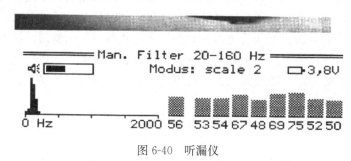

图 6-40　听漏仪

不同听漏仪的操作也不尽相同,总体来讲,听漏仪的操作比较简单,但在判定漏点时需要一定的经验,因为前面也介绍过,音听法的干扰因素较多。现在好的听漏仪都有很好的滤波功能,能有效去除干扰噪声,甚至还配有存储和波形分析功能,大大提高了漏点定位的精度。

3)相关仪

相关仪是常见测漏仪器中的高档产品,具有测试速度快、精度高、不受埋深影响等特点。相关仪和听漏仪的配合使用可以大幅度提高检漏效率和成功率。一套完整的相关仪包括一台主机、两个高灵敏度振动传感器、两个无线电发射机和一副耳机,主机上集成了无线电技术、信号处理、运算和显示功能。

① 相关仪的工作原理

管道发生泄漏时,漏水与管道发生摩擦发出的较高频率的声波常被称作第一频率。第一频率沿管道从漏点向两端传播,如果把两个传感器放在漏点两边的管道暴露部位上,漏声信号传到两个传感器的时间有一个差值 T_d(很少有漏点到两个传感器的距离相等),也把这个差值叫作延迟时间。这样利用延迟时间,就可以推算出漏声到较近传感器的距离 L,这个距离并不是简单的直线距离,而是沿管线的具体长度。设两传感器之间的距离为 D,则有:

$$D = 2L + vT_d$$
$$L = 1/2(D - vT_d) \tag{6-16}$$

式中　v——漏声沿管道的传播速度。

一般管材的声速都存储在相关仪的声速表中，只需输入管材和管径就可以自动选定声速，再输入两个传感器之间的距离后就可以做相关分析了。

从理论公式中可以看出，当漏点在两传感器之外时，$D = vT_d$，这样算出的 L 总是等于零，仪器指示漏点在较近的传感器放置外，因此，当相关分析指示漏点在传感器放置点时，一定要慎重判断，最好通过加大两个传感器间距或移动两传感器位置来重新测试。

相关分析的关键是要准确地确定延迟时间了，要做到这一点就必须判断到达 A、B 两传感器的信号是否属于同一信号，只有是同一信号才可以比较出时间差，为此要做复杂的相关分析计算，需要精确的滤波等功能。

② 相关仪的使用方法

相关仪的操作比听漏仪更为复杂，不同的型号操作也不相同，这里对相关仪本身的操作步骤不做介绍，因为各种仪器都有操作手册，这里只强调一下其他应注意的事项。

A. 根据管材、管径和水压选择合适的传感器放置，不要总以为相关仪的测试距离较大，在管径大于 600mm 时或在 PVC 管上，其测试距离会大大缩小。

B. 要先熟悉管道的状况，如水压、管道接口、管网的分支情况等。

C. 传感器要放稳，在放置处不要有太多的污垢或锈迹，传感器应尽量垂直放置在管件上。

D. 尽量选择用水低峰和环境干扰小的时段测试。

E. 测试前要先检查电量是否充足，以便提前充电。

F. 不要把没有防水功能的传感器放入水中。

G. 先用听音杆在管道上听，如果两点都有漏水信号时，再用相关仪测，这样效率较高。

③ 相关仪的优缺点

A. 优点

a. 不受环境噪声的影响，不受漏口朝向的影响；

b. 不受管道埋深的影响；

c. 测试速度快、准确率高；

d. 可用计算机编辑和存储测试结果；

e. 不需要太多的测漏经验。

B. 缺点

a. 必须在适当的范围内有两处管件暴露点（消火栓、阀门）；

b. 对大口径管径的金属管道或塑料管的测试距离较短；

c. 需要清楚测试管道的材质、管径和实际长度。

4）在线漏水监测设备

现在有多种性能先进的在线漏水监控设备。这些设备大部分都带有多个探测传感器，可以永久安装在供水管网上，对管网上的噪声和压力等异常进行不间断或长时间监测，经过综合分析、评价后即时给出漏点情况，这些在线监测设备大多可以通过 Modem 无线或其他方式将数据传输至中心计算机，进行进一步的综合分析。这些仪器非常适合小区供水的实时监测，有广阔的应用前景，如瑞士古特曼公司生产的 Zonescan 800 交互式无线管网泄漏监测定位系统，可配数千个防水探头，同时对整个供水管网进行监测，自动确定漏点位置，数据网络共享。

（3）检漏实际操作及漏量计算

1）检漏操作

检漏是一项较为复杂的工作，涉及诸多环节，管材、环境、泄漏、仪器设备种类多种多样，再加上复杂的管网深埋于地下，看不见摸不着，任何一个环节的疏忽都有可能导致检漏工作的失败。要科学合理地使用仪器，充分利用已有资料和数据做好时间、地点、人员、仪器的有机结合，发挥检漏工作的最佳效果，就必须有一套严谨、科学、具有可操作性的检漏规程。

① 检漏的准备工作

准备工作主要包括查阅管网分布图和本区的检漏档案，初步分析破损的可能性及原理，管网年代久远或图纸标示不清的要做实地调查。向附近的住户或其他知情者了解情况，也可以配合管线仪巡查。对居民提供的资料要加以鉴别、仅作参考，不可不信，也不可全信。在充分掌握管网资料后，选择好要使用的仪器设备并制定简要的检漏方案。

② 现场勘查分析

到现场后，不要马上拿出仪器测漏，应该先做初步的现场勘查，看是否有与漏水有关的潮湿区、地面凹陷、草木异常茂盛、降雪先融、管道或阀门井渗水、周围水压过低、地面施工等现象。现场勘查后，根据现场情况和拟订的方案开始查漏。

③ 检漏

在前期工作完成后，开始用仪器检漏，检漏时一定要记住，没有100％成功的仪器，任何仪器都有其不足的地方，一定要针对不同情况和环境选择最适用的仪器，按操作要求发挥其最佳功能。有些漏点往往一次不能确定，甚至没有漏水迹象，此时要有耐心，仔细分析，尝试用多种方法探查，互相验证。确定漏点后，条件允许的话，最好要打钢钎或钻孔验证，不要轻易开挖，特别是在高级路面上更要慎重决断。

2）检漏中应注意的问题

检漏工作是一项涉及诸多环节，需要耐心和经验的探索性工作，探索的特点就体现在漏点是暗藏在地下的，需要通过各种手段和方法去判断，所以经常出现被某些假象误导的情况，为此要注意一些常见问题，以减少误判。

① 发现冒水等明漏现象时，不要轻易认为漏点就在下面，要用音听手段加以验证。

② 漏点和三通、变径接头重合时，不要轻易下结论，要用其他方法加以验证。

③ 有些泄漏是听不到的，不要因为听不到就否定漏点的存在。

④ 要善于利用手中的其他仪器辅助找漏，例如金属管道完全断开时，音听法往往难以奏效，但利用管线仪的电流测量功能却可以解决问题。

⑤ 要学会分析周围环境来帮助找漏，如地面的变形、植被变化、新建构筑物或地表其他施工等都有可能提供有用的信息。

⑥ 重要的也是经常被忽略的一点就是要熟悉管道。初次接触音听检漏设备的人常认为好的仪器不需要详细掌握管网状况，大概了解就够了，这是欠妥的做法。

3）漏点漏水量的测量算法

① 公式法

$$Q_L = C_1 \times C_2 \times A \times \sqrt{2gh} \tag{6-17}$$

式中　Q_L——漏点流量，m^3/s；

　　　C_1——覆土对漏水出流影响，折算为修正系数，根据管径大小取值，$DN15 \sim DN50$ 取 0.96，$DN75 \sim DN300$ 取 0.95，$DN300$ 以上取 0.94，在实际工作过程中，一般取 $C_1 = 1$；

　　　C_2——流量系数，取 0.6；

　　　A——漏水孔面积，m^2，一般采用模型计取漏水孔的周长，折算为孔口面积，在不具备条件时，可凭经验进行目测；

　　　h——孔口压力，m，一般应进行实测，不具备条件时，可取管网平均控制压力；

　　　g——重力加速度，取 $9.8m/s^2$。

② 计时称量法（容积法）

漏点开挖后，在正常供水压力下，用能接水的容器（水盆、水桶、塑料袋）或挖坑等接收从漏水点流出的管道漏水，同时用秒表等计时，计算出单位时间内的漏水量，换算成 m^3/h，即可得到漏点的漏水量。为提高结果精度，可以取多次测量平均值。

③ 便携式流量计测定法

利用便携式流量计，对漏点前后管道测定其瞬时流量，其差值即为漏点漏水量。当漏点下游关闭所有阀门或无用户用水时，在漏点上游测出的瞬时流量即为漏点漏水量。

（4）检漏技术的发展

音听检漏仪器得到了广泛的应用和长足的发展，在检漏设备中独树一帜，但随着各项基础技术的发展和相互渗透，也出现了许多新的检漏技术，这些新技术有的还没有被大家所熟知，但它们确实各有特点。新技术的发展和应用主要包括硬件和软件两大部分。

1）硬件方面的发展主要指新设备和新的检测方法，近几年出现的新设备或新的检测方法主要有以下几种。

① 红外成像法：漏水总会引起周围温度的变化，如自来水在夏天会降低环境温度，而在冬天则会使周围介质温度升高，红外成像法就是利用漏点附近红外信号的变化来确定漏点的新方法。这种方法受环境影响极小，对热力管道的检漏更显示出优点。

② 探地雷达系统：探地雷达可以反映多种地下异常信号，除管道和其他物体外，对凹陷、积水、空洞等也有所反映，所以也可用于探测漏水。探地雷达由于功能强大，其应用有趋于普遍的趋势，但在水位高的地区或被水漏点浸泡的地方探测较难（图 6-41）。

③ 管道内窥检查法：管内摄像机、麦克风等设备可直接探测管内的异常，这样可以直接或间接地确定漏点，这些技术在测漏中的应用还不太成熟。

④ 新型相关仪：相关仪是漏水探测的常规仪器，但现在有些新型的相关仪不仅精度高、操作简便，还增加了一些新的功能。

图 6-41　探地雷达

2）随着各种高新技术在测漏行业中的应用，测漏仪器和应用技术的发展也是日新月异。但总体来讲，测漏仪器的发展不外乎以下几个方向：

① 操作简单化；

② 体积、重量小型化；

③ "三高性能"（高效、高灵敏度、高精度）加强化；

④ 功能扩展化（压力、漏量监控、网络数据传输和共享、与 GIS 和 GPS 系统相兼容）；

⑤ 在线监测普及化。

3) 软件方面的发展主要指一些新的分析方法、数学模型和分析软件等。现在有人研究把人工神经网络、模糊数学的一些分析方法应用于漏水探测，一些内置分析软件也越来越成熟。

3. 管道防腐

（1）管道腐蚀的原因

1) 化学腐蚀

化学腐蚀是由于金属和周围介质直接互相作用发生置换反应而产生的腐蚀。

置换反应的结果是生成氢氧化物。若是这种氢氧化物易溶于水，则制作管道的金属为活泼性金属，这种管道容易腐蚀，反之若生成的氢氧化物难溶于水，管道周围的介质就不易对管道产生腐蚀作用。

埋于土中的钢管（包括铸铁管）经过化学反应生成的氢氧化物是难溶于水的，假若周围的土壤不具有腐蚀性（pH＝7），则一般不易发生化学腐蚀。地下管道发生化学腐蚀的地方多半在化工厂区域，因为在这里管道遭受化工厂排放污水（pH＜7）侵袭易造成腐蚀。

土壤中的某些细菌对金属管道的腐蚀也有一定的关系，最常见的是"硫酸盐还原细菌"，它在自然界中分布很广，当土壤的 pH 值、温度和电阻率有利于这些细菌繁殖的时候，细菌就起腐蚀作用。这也可称为化学腐蚀。

2) 电化学腐蚀

金属管道在土壤中的电化学腐蚀，是指金属在土壤中发生电解作用。其特点在于金属相当浸于电解液中，溶解损失的同时，还产生腐蚀电池作用。就像我们平时使用的锌皮电池，日久锌皮破损，里面的氯化铵流出来一样。

形成腐蚀电流的有两类：一类是微电腐蚀电池，另一类是宏腐蚀电池。

① 微腐蚀电池

金属组织不一致的管道和土壤接触时，这种不均匀的金属管材，就好像两块不同金属放在同一电解液中一样，在这两部分组织有差异的金属管道间发生电位差而形成腐蚀电池。如钢管的焊缝熔渣与管材母材金属之间的电位差可能高达 0.275V，这也就是钢管漏水常发生在焊缝的缘故。

② 宏腐蚀电池

长距离（有时达几公里）金属管道沿线的土壤特性不同而使管道本身产生电位差而形成的腐蚀电池。

一般所说的土壤电化学腐蚀常是上述两种腐蚀电池的综合作用。

③ 杂散电流对管道腐蚀

地下杂散电流对管道的腐蚀，是一种因外界因素引起的电化学腐蚀的特殊情况，其作用类似于电解过程（图 6-42）。土壤中的杂散电流可能来自两个方面：

A. 某些直流电力网络利用大地作为接地回路。

B. 某些和土壤接触的导体，因绝缘不良而发生漏电。

由钢轨漏入土壤中的电流，当遇到埋设于侧旁管道时，便可能借管道作为回

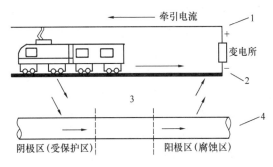

图 6-42　杂散电流的腐蚀过程示意
1—架空导线；2—铁轨；3—土壤；4—管道

路，而引起管道的腐蚀。杂散电流由钢轨流入土壤，实质上就是钢轨上的金属离子溶于土壤，而使该处的钢轨被腐蚀。杂散电流由土壤进入管道，也就是土壤中的正离子趋向管道表面。而杂散电流从管道返回土壤时，管道上的金属离子溶入土壤，致使该处的管道被腐蚀。由于杂散电流来源的电位很高，电流也大，故杂散电流所引起的腐蚀远比一般的腐蚀严重。

钢管受到电腐蚀时，常发生穿孔，一般人都认为地铁也会产生杂散电流，其实是误解。

对于预应力管，自应力管的钢筋混凝土管材，应该说砂浆或混凝土对钢筋会起到良好的保护作用，但当管道埋于严重腐蚀性土壤中，砂浆或混凝土就会受到酸性地下水的侵蚀，产生微孔，使杂散电流进入钢筋。钢筋就会发生腐蚀，最终导致爆管事故。

钢筋在混凝土中的腐蚀机理，仍属于电化学腐蚀的概念。质量低，有缺陷的砂浆层或混凝土层是钢筋受到腐蚀的基本起因，当砂浆不够致密，具有高透水、高透气性时，具有侵蚀性的地下水就会加速这种腐蚀。

（2）防止管道外壁腐蚀的措施

工程技术人员为了延长管道使用年限，对防止管道腐蚀做了长期不懈的努力，他们除发明了使用耐腐蚀的管材做管道外，在管道外壁也采用了许多防腐方法，可分为：覆盖防腐蚀法和电化学防腐蚀法。

1）覆盖防腐蚀法

在金属表面覆盖一层电位低于管材本身的金属叫作金属覆盖法；覆盖一层绝缘性强的非金属物质，加强管身与外管的绝缘性叫作非金属覆盖法，但不论用什么方法，首先要对管身的外表面进行处理。金属的表面处理是做好覆盖防腐层的前提，清洁管道表面可采用机械或化学处理的方法。

① 金属的表面处理

A. 机械处理

a. 擦锈处理——它是最简易的机械处理方法，就是用钢丝刷、砂纸等将管外表面上的铁锈、氧化皮除去，这种方法通常用在施工现场管道接口部位做防腐前的处理。

b. 喷砂处理——采用压力喷射的原理，将研磨材料喷到金属表面。研磨材料有石英砂钢珠、钢砂等。喷砂法分干式喷砂法和湿式喷砂法两种。喷射时是用压力约 0.4MPa 以上的空气，将砂喷射到管道表面。这种方法的优点是工时消耗量少，适合工厂化作业，但

对操作者的身体有害，可用真空吸尘的方式吸收喷射物粉尘，一则减轻危害，二则同时可以回收研磨材料。现在更有全封闭车间吸收解决粉尘问题。

B. 化学处理

化学处理是用酸或碱将金属表面附着物溶解掉的方法，这种方法没有噪声和粉尘，它分酸洗法和脱脂法两类。

a. 酸洗法——是用酸液溶解管外壁的氧化皮、铁锈的方法。酸洗时可用硫酸、盐酸、硝酸等。酸洗液的浓度一般使用 10%～20%硫酸或盐酸水溶液。

b. 脱脂法——是将金属管壁上的油脂除去，脱脂可用溶剂法、碱液法、乳剂法、电解法等。表面处理的质量标准应达到清除氧化皮、锈蚀层、油脂和污垢，并在表面形成适宜粗糙度（40～50μm），表面处理达到工业级（Sa2 级），即露出金属光泽为止。

② 覆盖式防腐处理

按照管材和口径的不同覆盖防腐处理的方法亦有不同。

A. 小口径钢管及管件的防腐处理，对于小口径钢管及管件，通常是采用热浸锌的方法。将酸洗后再用清水冲洗干净的管材，浸泡在已加热到 450～480℃的融锌槽中进行浸锌作业。其防腐机理在于锌比钢的电位低，在锌和钢之间形成局部电池，使锌被消耗而钢管受到保护。

B. 大口径钢管的外防腐处理，因为钢管的腐蚀主要是电化学腐蚀所引起的，根据其原理，如果我们在管外用绝缘材料做一层保护层，隔绝钢管与其周围土壤中电解质接触，使之不能形成腐蚀电池现象，就可达到防止管道腐蚀的目的。通常采用的防腐材料有石油沥青、环氧煤沥青、氯磺化聚乙烯、聚乙烯塑料、聚氨酯涂料及沥青塑料或沥青编织布胶带等。

对于大口径钢管的防腐处理及防腐层的类别一般应根据管道周围土壤对管道腐蚀的强弱，按表 6-6 来选择。通常选择"三油二布"的做法。在土壤腐蚀性强或管道穿越沟渠等较为重要的地方，则采用"四油三布"的加强防腐。

防腐涂层结构

表 6-6

防腐材料	防腐等级	防腐层结构	总厚度（mm）
石油沥青玻璃布	普通级	底漆1层沥青3层，涂层间缠绕玻璃布2层（三油二布）	6
	加强级	底漆1层沥青4层，涂层间缠绕玻璃布3层（四油三布）	8
	特加强级	底漆1层沥青5层，涂层间缠绕玻璃布4层（五油四布）	10
环氧煤沥青玻璃布	普通级	底漆1道面漆3道，涂层间缠绕玻璃布2层	0.5～0.6
	加强级	底漆1道面漆4道，涂层间缠绕玻璃布3层	0.7～0.8
	特加强级	底漆1道面漆5道，涂层间缠绕玻璃布4层	0.9～1.0

底漆由汽油与沥青配制而成，汽油：沥青＝3：1（体积比）。沥青一般采用 10 号石油沥青，融化沥青时，其加热温度不超过 20℃，而且在此温度下也不要超过两小时，否则沥青老化，干后生裂纹，玻璃布用每厘米 8 格×8 格或 10 格×10 格，宽度 30cm，缠绕每层搭接宽度为 5m，对被破坏了的防腐层修补时可用沥青漆代替石油沥青，绝对不可修露后把已破坏了的保护层放置不管。

石油沥青作为钢管外防腐材料是相当古老的，据知已将近百年历史。从耐电压来说其性能是很好的，而且价格便宜，但是它有一个特殊要求就是必须热涂（市面上沥青青漆虽可冷涂，但效果相差极远，且价格昂贵，已失去沥青本身的优越性），而且冬天涂层脆，夏天又易形成流淌，总之不太令人满意。20世纪60年代普遍选用了环氧煤沥青，它没有夏季流淌的现象，但气温低于5℃时则不易固化，而且涂料成分中的固体含量仅75%，其他则为溶剂，当溶剂挥发后，涂层便易产生针孔，所以出现了涂层刚刷完后，电火花试验合格，一星期后再试就不合格的现象。而且由于其中环氧本身不耐日光晒，受紫外线作用涂层会在表面发生粉化，而涂层仅厚0.6mm，后果是可预见的。使用30余年间，制作厂家也不断设法改进，例如生产厚浆型的、低温固化的，但收效不明显。氯磺化聚乙烯涂料虽然附着力强，对日期要求不严，抗蚀性高，但固体含量更低，针孔发生率更高，有些地区的经验是用于架空管线时，在全管身做一层由涂料及水泥混合而成的薄腻子，上面再涂氯磺化聚乙烯，防腐效果还是很好的。此外用聚乙烯薄膜外套和松包虽然也是办法，但施工方面都比较费事，使用的还不太普遍。

20世纪90年代市面上出现了塑化沥青软胶带，它以塑料（PE）及编织带为基板，包以改性塑化沥青，做成卷材，分热缠、冷缠两种。热缠的在使用时用喷灯在卷材上喷烤使沥青熔化，气温低时对管身局部喷烤，然后将卷材缠包，冷缠则不必加温，将管身表面清理干净后，涂上底漆待干后即可将卷材缠上，操作方便，对现场焊缝处补口及对防腐层破损后的修补尤为简单易行，特别是无污染，对工人无伤害，所以深受工人欢迎。此外热缠胶带低温-10℃时仍可施工，参见表6-7，由于这些优点，使其在众多防腐材料中一经试用便崭露头角。

塑化沥青胶带结构简介　　表6-7

防腐材料		施工形式	施工前对金属表面先微处理，然后涂底漆，待干后即可塑卷材，螺旋状行走缠绕，每层搭压15～20mm，每卷接头搭压100mm	防腐等级	总厚度
塑化沥青胶带	塑料PE基板	冷缠	施工前对金属表面先微处理，然后涂底漆，待干后即可塑卷材，螺旋状行走缠绕，每层搭压15～20mm，每卷接头搭压100mm	1. 只缠一层即可达抗电火花检查15kV以上。 2. 撕三角口不露金属面。 3. 热塑在低温-10℃时仍可操作。 4. 冷缠需在3℃以上时施工。 5. 耐热性强，冷热缠卷材的耐热温度均可达70℃	冷缠卷材厚1.5mm。热缠卷材厚3mm
	编织布基板	冷缠或热缠			

注：塑化沥青胶带的底漆是另行配制和卷材同时供应的，与前面所用的不一样，应予注意。

近年来，国家对饮用水卫生十分关注，要求所使用的设备及材料应达到现行《生活饮用水输配水设备及防护材料的安全评价标准》GB/T 17219标准。为了防止在输送、存储中不受二次污染，传统的混凝土水罐和水泥砂浆管道内衬已不适应日益提高的水质卫生新要求，新型的无毒高分子聚合物内衬逐渐被广泛应用，它保障了饮用水水质的安全，而且涂层坚硬、光滑、耐磨、不结垢，减少了输送阻力，增加了输送量，可缩小管径，节约电能和投资。

③ 铸铁管的外防腐处理

铸铁管的防腐处理，通常用浸泡热沥青法或喷涂热沥青法。对于土壤腐蚀性强的场合，仅涂浸沥青层，不能起到良好的防腐效果，工业发达国家在 20 世纪年代采用聚乙烯松包或聚乙烯外套来解决管道的防腐问题，套子的厚度约为 0.2mm，主要作用在于使管子和周围土壤隔离，以防止管道被腐蚀，还有用聚乙烯胶带包缠铸铁管的做法和前面介绍用于钢管的相仿，比起松包和套式做法更简单。但管外壁要求干净，没有灰尘和水分，否则不易使胶带紧贴，起不到防腐的作用。

2）电化学防腐蚀法

由于许多电气设备经常采用接地方法作为安全措施，当埋地导线漏电和电气机车用铁轨作为导线回路，当铁轨间接触不良时，都会造成地下产生杂散电流，当金属管道埋于土壤中，如果没有保护层或保护层损坏，杂散电流便进入管道，我们把这个地区叫阴极区，电流在管道中流动，在适当地区例如在电车变电站附近又流出管道，我们把这个地区叫阳极区。电流进入管道对管身没有损害，但流出时往往要携带走一部分金属离子，这就造成了管身的腐蚀，如果我们在管身通入一定量的负极直流电使其相对于设置的阳极接地装置变成一个大阴极，则阳极遭受到腐蚀而管身受到保护。我们把这种方法称为阴极保护法。

电化学防腐蚀法是排流法和阴极保护法的总称，其中排流法更为经济有效。

① 排流法

当金属管道遭受来自杂散电流的电化学腐蚀时，埋设的管道发生腐蚀处是阳极电位。如若在该处管道合流至电源（如变电站的负极或钢轨）之间，用低电阻导线（排流线）连接起来，使杂散电流不经过土壤而直接回到变电站，就可以防止发生腐蚀，这就是排流法（图 6-43）。

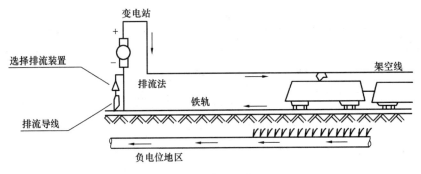

图 6-43 排流选择

排流法防腐蚀的效率很高，费用较低，是普遍采用的方法。埋设金属管道和变电站负极连接起来进行排流时，若只有一个变电站电源，而且不可能从电源流入逆电流的情况下，两者可直接用排流线连接，这称为直接排流法。其设施费用很低，但电气机车轨道和地下管道排列都比较复杂，而且变电站数量往往较多，运转情况变化很大，管道处的电位经常变动，弄不好管道会变成阴极区而产生逆向电流，故在排流线上加装一个能阻止逆电流的单向选择装置和排流线串联起来，称为选择排流。这样就安全可靠了。

② 阴极保护法

阴极保护法是从管的外部给一定的直流电流，由于输水管道上电流的作用，将金属管道表面上不均匀的电位消除，使其不能产生腐蚀电流，从而达到保护金属不受腐蚀的目的。从金属管道流入土壤的电流称为腐蚀电流。从外面流向金属管道的电流称为防腐蚀电流。阴极保护法又分为外加电流法和牺牲阳极法两种。

A. 外加电流法

外加电流法如图 6-44 所示。

外加电流法是通过外部的直流电源装置把必要的防腐电流经埋在地下的电极（阳极）流入金属管道的一种方法。所用直流电源，通常都是交流电源经整流后，变成直流的。而所用的阳极必须是非溶性物质，如石墨、高硅铸铁等。将阳极埋在地下，周围填充焦炭或炭末等，以降低接地电阻，并扩散产生氧气。在电极更换较方便的地方，可以使用旧钢管、旧钢轨等较大尺寸的电极。而电源的电压降低，这种方法所用的整流装置由硅整流器和活动电阻组成，也有用恒压稳流器方式的，后者工况要好些，但价值较贵。另外使用非溶性阳极时，可作为永久性的防腐蚀措施，除电费外无其他费用。缺点是这种方法对其他地下管道也会造成一定的影响，可使其某个地方变为阳极，故在市区管道相距较近的地区不宜使用。

B. 牺牲阳极法

牺牲阳极法如图 6-45 所示。

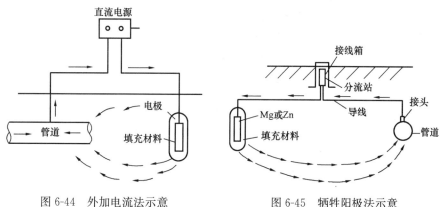

图 6-44　外加电流法示意　　　　图 6-45　牺牲阳极法示意

牺牲阳极法是用比被保护金属管道电位低的金属材料做阳极，和被保护金属连接在一起，利用两种金属之间电位差，产生防腐蚀电流的一种防腐方法。阳极随着流出的电流而逐渐消耗，所以称为牺牲阳极。这种阳极消耗较快，安设位置必须便于更换。低电位金属材料有镁、镁合金、纯锌、锌合金、铝合金等，一般采用镁合金较多，锌仅用于土壤电阻率在 $1000\Omega/cm$ 以下的低电阻区。这种方法的优点是施工简易，设备费用低。缺点是电压低而不能调整，阳极必须定期更换。

使用外加电流保护必须使用得当，例如：管道对地电压一般取 $-0.85V$，且不宜低于此值，倘若电压相差太大，由于电流分解了土壤中的地下水，产生了氢气，可将管身保护层破坏，会起反作用。

（3）防止管道内壁腐蚀的措施

早先对金属水管内壁的防腐多采用覆盖法，如把石油沥青、煤沥青等涂于管内壁上，经验表明这种做法只能起到临时作用，过不了多久（一般 3～4 年）就会逐渐剥落，更何况上述物质在不同程度上对人有危害，不符合水质方面的要求。后来有的厂家研制出无毒防腐油漆，在水质上虽然基本解决了毒性问题，但在管身上的停留时间也不长，而且价格昂贵，难以大量采用。

近来研制出在管身内壁刷环氧玻璃布做成玻璃钢的方法，也有单喷涂环氧粉末、聚乙烯或尼龙的，不过这些做法价格都比较贵，用于小口径的管材上还有可行，在大口径管材上则难以使用。

比较起来还是水泥砂浆衬里最为切实可靠，它不但价格低廉、坚固耐用，且对水质无任何影响。现在凡大口径管材无论钢管或铸铁管全都使用这种办法，现在把这种衬里的作用重点介绍如下。

水泥砂浆防腐结构如图6-46所示。

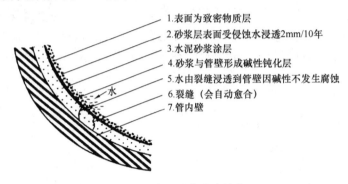

1. 表面为致密物质层
2. 砂浆层表面受侵蚀水浸透2mm/10年
3. 水泥砂浆涂层
4. 砂浆与管壁形成碱性钝化层
5. 水由裂缝浸透到管壁因碱性不发生腐蚀
6. 裂缝（会自动愈合）
7. 管内壁

图6-46 水泥砂浆防腐结构

1）功能

① 起隔离作用，水泥砂浆层把水体与管壁分隔开来，也就少受水的侵蚀。

② 砂浆层系碱性，pH值达12，金属表面处于钝化状态，即使带有侵蚀性的水质浸透到底，仍有抵御腐蚀的能力。

③ 砂浆衬里起了"拱"的作用，粘结力强，在钢管变形1/10情况下，也不发生剥落，若有裂缝也甚为微小，仍然能贴紧于管壁上。

④ 砂浆衬里的表面会生成致密层，有保护砂浆层不被水冲刷掉的作用。

⑤ 即使有裂缝，水浸透至管壁也不会腐蚀，且砂浆中的游离石灰被水析出具有自动愈合的能力。

2）涂衬设备及操作原理

对金属给水管道内壁防腐采用水泥砂浆涂衬时，其工艺方法有三种：

① 地面离心法——管道在埋设之前，在地面上进行离心加工涂衬。

② 喷涂作业法——把管道放在地面上，用喷浆机进入管道进行涂衬，包括抹平。

③ 地下喷涂法——管道已埋设在地下，喷浆机由预留口进入管道进行喷涂作业。

A. 地面离心法

设备比较简单，涂衬时将管子放在离心机上，把水泥砂浆均匀投入管内，然后启动按钮，速度由慢逐步加快，使之形成砂浆涂层。地面离心机如图6-47所示。

对此工艺在质量上有一些论点：

a. 物理性能改变。砂浆经在管道内转动，因离心作用可发生分层，贴紧管壁的是"砂层"，浮于表面的是"水泥层"，水泥层易被水流带走，失去致密性能。

b. 化学性能改变。经过高速离心，砂浆表面层分泌出 pH 值为 10～12 的"浆水"而易流失掉，使涂层防腐性能降低。

c. 水质受影响。这种浮于表面的高 pH 值的浆水层，容易溶于水体之中，不利于水质的加氯消毒。

d. 管面涂层不均匀，看上去表面光洁，实际上管两端厚，中间薄，且环向均匀度也欠佳。

B. 地下喷涂法（喷涂作业法）

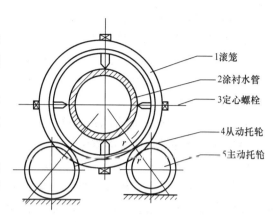

图 6-47 地面离心机示意
1—滚笼；2—涂衬水管；3—定心螺栓；4—从动托轮；5—主动托轮

喷浆机是由送浆电机、喷射电机、抹光电机、行车电机以及照明等部分动力机构所组成。它利用螺旋输送器将砂浆由贮浆桶送至喷头，向管壁四周散射砂浆颗粒，以达到喷涂的目的。

喷浆机在地下的施工情况，如图 6-48 所示。

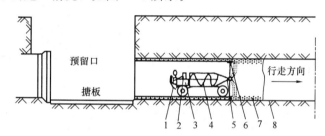

图 6-48 喷浆机工作示意（单位：m）
1—操纵座椅；2—电控箱；3—行走变送箱；4—贮浆桶蝶旋；5—喷头；
6—抹光片；7—砂浆涂层；8—管道

机器在管道中施工时，先可快速地把机器开到所需喷涂处，然后换工作速度排挡，再启动送浆机，一边搅拌，一边把砂浆输送到喷头，同时打开抹光片，按下喷头按钮，砂浆就由高速旋转的喷头经叶片口喷射到管壁四周，同时整机缓慢地向前推进，这时水泥砂浆就堆积在管壁上，接着慢速抹光以形成光滑的水泥砂浆涂层。

整个喷涂过程是由操作人员在机身后面的操作椅上，分别来控制送浆、喷射、行走、抹光四个动作。

3）技术要求

① 材料：主要为水泥及黄沙，有特殊需要时再掺入外加剂。

A. 水泥应采用强度等级 42.5 的普通硅酸盐水泥矿渣水泥。水泥中不得混有硬块。散装水泥必须过筛方可使用。

B. 砂子最大粒径应小于 1.2mm，级配按砂浆配比由设计选定，必须经过 16 目洗筛或经过 12 目筛子干筛，筛前应经过水洗，去除有机杂质，含泥量小于 2%。

② 配比：水泥黄砂配比为 1∶15，水灰比为（0.4～0.47）∶1。砂浆稠度保持在坍落度 7～8cm。

③ 粗糙系数：n 小于 0.0125。

④ 厚度：设计规范一般为 6～10mm。

⑤ 外观质量：涂层表面应光滑、无气泡、突起、流淌、露衬、开裂，但允许存在 0.8mm 的裂纹，沿管道纵向长度不应大于 2m，环向不应大于管道周长，允许存在浅螺纹线。

⑥ 涂衬成型后立即把管两端封堵，终凝后进行潮湿养护不小于 4～17d。

（4）刮管及补做防腐层的措施

输水管道如事先未做内衬，运行一定时间后管道内壁就将产生锈蚀并结垢，有时甚至可使管径缩小 1/2 以上，极大地影响送输水能力且造成水有铁锈味或黑水，使水质变坏。要恢复其输水能力，改善水质，就需根据结垢性质进行管线清垢工作。

对于小口径（DN50 以下）水管内的结垢清除，如结垢松软，一般用较大压力的水对管壁进行冲洗；若管道管径稍大（DN75～DN400）且结垢为坚硬沉淀物，就需由拉把、盆形钢丝轮、钢丝刷等组成。清管器用 0.5t 卷扬机和钢丝绳在管内将其来回拖动，把结垢铲除，再用水冲洗干净，最后放入钝化液，使管壁形成钝化膜，这样既达到除垢目的又延长了管道使用寿命。清管器如图 6-49 所示。

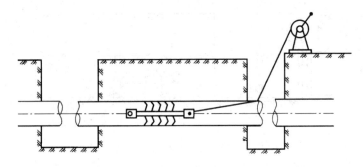

图 6-49　清管器

对于口径在 DN500mm 以上管道可用电动刮管机，操作如图 6-50 所示。

整个刮管涂料工艺包括刮管、出垢、冲洗、排水、喷涂五道工序，通常由配套的刮管机、出垢机、冲洗机、喷浆机以及其他辅助设备来完成。刮管机主要是由密封防水电机、齿轮减速装置、链条、榔头及行走动力机构组成。它通过旋转的链轮带动榔头锤击管壁，把垢体击碎下来。

施工时，要求管道在相距 200～400m 直管处开坑，作为机械进出口。涂料采用水泥砂浆，只要管壁无泥巴、无积垢、管内无大片积水区，即可进行。

以上所述是老式的刮管加衬方法，特点是不用大面积挖沟就能分段把水管清理干净，极大地恢复输水能力，减少了水头阻力，而且当钢管外壁已锈蚀形成小穿孔，砂浆层仍保持完整无损，管内虽输送 0.3MPa 的有压水，仍能照常运行，

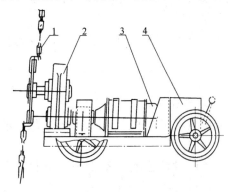

图 6-50　电动刮管机
1—链条；2—齿轮减速装置；
3—密封防水电机；4—行走动力机构

说明砂浆层呈环状附着于管壁时，有相当的耐压力。

　　现在对清理管中结垢又发明了许多新的措施，其中一种就是用聚氨酯做成的刮管器，如图6-51所示。其外形像一枚炮弹，在其表面上镶嵌有若干个钢制钉头，它不用钢丝绳拖拉，用发射器送入管中仅靠刮管器前后水压差就可推动刮管器前进，同时表面的铁钉将结垢除下来。还有一种用铁做骨架，外面包了环状硬橡皮轮的刮管器，如图6-52所示。也是用发射器将其送入管内，自己往前走把结垢清除掉，它的特点是刮管器内装有警报信息装置，它在管内走到哪里在地面上用接收器便可知道，如卡在管中什么地方也可知道同时采取相应对策处理。

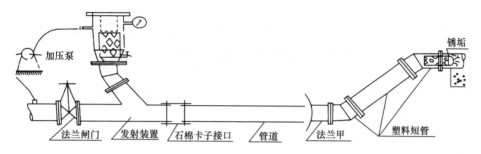

图6-51　刮管器在管内工作示意

　　我们知道凡结垢后清理完了的管子，必须做衬里，否则其锈蚀速度比原来发展更快。

　　上面所介绍的方法，在衬里方面也有特色。例如$DN100\sim DN200$已在地下装着的管子，若想在地下涂以水泥砂浆比较困难，现在则创造出用聚氨酯或其他无毒塑料制成的软管将其送入清洗好的管中，平铺拉直，然后利用原管上的出水口，例如入户管卡或消火栓等作为排气口，此时设法向软管内冲水，同时把卡子或消火栓打开，排除管壁与软管之间的空气，注意向软管灌水与打开消火栓等排气要同时进行，这时软管就会撑起，很好地贴在管壁上，这样原管道相当

图6-52　环状橡皮轮刮管器

于外壁是钢或铸铁内镶塑料的复合管，送水能力大大提高，而且一劳永逸了。

　　4. 管道及附属设施的维修与日常维护

　　（1）管道维修的方法

　　1）管道漏水、破损的原因和种类

　　① 管道漏水、破损的原因

　　给水管道一般埋设在地下，由于各种原因在输水过程中往往会发生不同程度的漏水或者破损，漏水会渗入地下或者流入下水道，漏水时间长或者流量比较大的时候，还会冒出地面。这种漏水使水厂耗费人力、物力，提高供水企业的漏损率，影响供水企业的经济效益；管道长期破损、漏水，可以造成管网压力的下降，影响用户的水压；特别是大口径管通的突然爆裂，可使管网局部压力骤降，影响正常供水；还会造成路基下沉、影响交通，造成建筑物的下沉，严重时可能造成建筑物的倒塌，管道爆裂引发的大量漏水，对附近的

道路，建筑也会造成严重的危害，甚至会发生人身安全事故。

管道漏水、破损的原因有：

A. 安装不当；

B. 材质不好；

C. 管道受腐蚀严重；

D. 外界负荷过大，造成管道不均匀沉降或者发生过大的水平位移、角位移；

E. 人为施工损坏；

F. 埋深不足或保温措施不足造成的冻裂。

② 管道漏水、破损的种类

管道漏水可以分为明漏、暗漏、工程漏等。明漏指漏水已经冒出地面；暗漏指漏水已经发生，但还没有冒出地面，需要通过检漏才能确定漏点位置；工程漏指施工过程中造成的漏水。此外，还包括阀门、消火栓等管道附属设施漏水的情况。

管道破损、漏水的形式有接口渗漏串水、接口填料冲掉漏水、管道穿孔喷水、纵向断要、环向开裂、接口脱落等。

2）供水企业负责维修的范围

供水企业负责维修的管道及附属设施的范围是从水厂开始至用户水表处为止。用户水表至用户接水龙头（或其他用水点）处的管线产权属于用户所有，此段管线（亦称表后水管）如果发生漏水，原则上由用户自己维修或者由用户委托他人维修。

3）管道及附属设施常用的维修材料

① 管道哈夫节

管道哈夫节，也叫作管道抱箍，分为直通哈夫节（图 6-53）和承插哈夫节（图 6-54）两种。直通哈夫节可用于直管段小渗漏的维修；承插哈夫节可用于管道接头处渗水的维修。

图 6-53 直通哈夫节

图 6-54 承插哈夫节

② 管道伸缩节

管道伸缩节（图 6-55）主要用于金属管道断管后的连接。

③ 涂塑快接

涂塑快接（图 6-56）主要用作小口径金属管段维修的连接器。

④ 卡箍

卡箍（图 6-57）主要用于压槽式管道连接处渗漏的维修。

⑤ PE 平承和 PE 平插

图 6-55　管道伸缩节

图 6-56　涂塑快接

图 6-57　卡箍

PE 平承（白口）和 PE 平插（插口）主要用于塑料管非热熔修复的连接（图 6-58、图 6-59）。

图 6-58　PE 平承

图 6-59　PE 平插

⑥ 钢制伸缩节

钢制伸缩节（图 6-60）主要用于各类口径管道在无法断管的情况下，直接进行包封，封堵的维修。

图 6-60　钢制伸缩节

4）管网的停复水操作

供水管网内部充满了带有一定压力的水，为了维修工作的顺利进行。抢修工作开始前

需要进行停水操作。

① 停水影响范围要尽量减小，并及时发布停水信息。

A. 根据漏水位置，制定停水方案，确定停水范围，停水范围要尽量减小。

B. 停水操作前要核对阀门信息，了解需要关停阀门的数量和所在位置。

C. 停水操作完成后，确定最终停水影响的范围，及时发布停水信息。

② 停水操作时要注意关闭阀门的顺序，防止管道内水流方向发生改变。

A. 阀门关闭顺序：先关闭主来水方向阀门，再关闭管网末梢 T 口；先停止大口径管网运行（减少漏损水量），最后停止小口径管网运行（防止浑水流入支管）。

B. 阀门关闭操作：先开启 100% 圈数，再关闭 80% 圈数，往复几次后最后关闭 100% 圈数（蝶阀不适用此操作），整个操作过程必须记下闸门关闭完成总圈数，以便恢复供水开启时判断该闸门是否开足。20 世纪中叶，市政给水管网以单边供水模式为主，存在大口径阀门，其旁边还附带小口径旁通阀门，用于大口径阀门调压作用。关闭时先关闭主阀门，再关闭旁通阀门，开启时先开启旁通阀门，进行调压，待管道内压力平衡后再开启主阀门。

C. 阀门关闭后开启停水区域内消火栓，以便快速排空管道内存积余水。

D. 停水区域内若有泄水阀，在能够通畅排水的情况下，应立即打开，加快排空管道内存积余水速度，有助于缩短抢修时间。

③ 恢复供水操作时，需要对抢修过程中进入管网的污水进行冲洗，同时对恢复供水过程中管道内部空气进行排放。

A. 阀门开启顺序：先开启主来水方向闸门，再开启管网末梢 T 口；先恢复大口径管网运行，最后恢复小口径管网运行。

B. 阀门开启操作：先开启 50% 圈数，再关闭几圈，往复几次后最后开启 100% 圈数（蝶阀不适用此操作）。

C. 恢复供水时，开启区域内消火栓，以便冲洗消防管道内浑水和排出管道内的空气。

D. 恢复供水时，开启区域内水阀，以便冲洗管道内浑水和排出管道内的空气。管道冲洗干净、空气排净后，关闭泄水阀并确认彻底关闭。

5) 常见管道及管件漏损案例和修复方法

① 金属管漏损案例以及修复方法

A. 钢管因接口或管身出现小孔洞而发生漏水，可短期停水进行补焊。补焊分为点焊和加强板焊接两种方法。若某个别处出现较小孔洞，可以采用点焊的方法进行修复。若漏水部位较大，需要采用加强板焊接的方法进行修复。首先将破损处进行切割等预处理，再用比切割部位略大的钢板进行补焊。搭接部位要大于 100～150mm。焊接后的钢板还须进行除锈防腐处理。

若给水钢管段严重锈蚀不能继续使用，可将该锈蚀管段割除，更换同型号同尺寸的钢管进行焊接连接，并进行除锈防腐处理。

B. 铸铁管接口漏水，可剔除原承口处的接缝材料，再填入新的接口材料或直接采用承插哈夫节进行维修。若铸铁管管身破裂，可切断破裂的管段，更换同尺寸的铸铁管或钢管，使用管道伸缩节进行连接。

C. 球墨铸铁管（球管）球管接口漏水，可直接采用承插哈夫节进行维修。若球管管身被施工机械或打桩机钻出孔洞，可直接采用直通哈夫节进行维修。若球管管身破坏情况严重，可切断破坏严重的管段，更换同尺寸的球管或钢管，使用管道伸缩节进行连接。

D. 镀锌钢管（镀锌管）漏水一般分为两种情况。一种是连接部位出现漏水，一种是管材本身锈蚀造成漏水。对连接部位漏水的情况，需要对连接部位进行重新连接，确保不漏水。如果局部位置出现锈蚀漏水，可以采用钢制伸缩节进行维修。如果锈蚀情况严重或者损坏部位较大，需要将损坏部位进行更换，重新连接。

③ 混凝土管漏损案例以及修复方法

混凝土管多为平口，接口一般用水泥套环连接。漏水点一般发生在接口处，可直接把卡盘修复。若接口漏水大，且裂缝是沿套环开裂，此时可破掉套环用合适的柔口修复，也可以用混凝土在关闭闸门后将漏损点浇筑在里面。

④ PE管材等非自应力管非金属管漏损案例以及修复方法。管材的长期蠕变性能、圆度、环刚度、水及周围环境温度的变化所引起管材的轴向移动、管材受力变形都会影响管材的密封性。

A. 机械连接维修是在管材内部放置不锈钢支撑套管、专用PE管抢修管件连接，这种方法为永久性修复。通过在管内加支撑管可以缓解管材的径向蠕变，但管材的内支撑套管因规格不同而不同，故造成维修费用增高。内支撑套管有固定支撑套管和可调式支撑套管两种，在国际市场上应用都较广泛。

固定和可调两种形式的内支撑套管，是在PE管专用抢修管件内部接近密封处加设一节带沟槽的回圆管，其主要作用是恢复管材圆度，此外还可起到防止管材部分轴向移动的作用（图6-61）。

如果用单一的机械管件不能修复的话，可先切掉已破坏的管材，用两个机械接头和一节尺寸合适的PE管材来修复（图6-62）。如果管材的

图6-61　机械连接维修

圆度不大（和PVC-U管材的圆度一样），则完全可用内支撑套管来完成抢修。

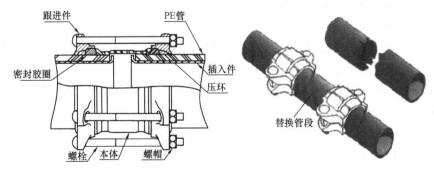

图6-62　机械接头及装配件

B. 法兰连接对直径小于等于10mm的小口径PE管材的抢修，可用一组PE法兰（PE

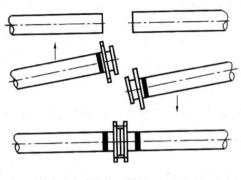

图 6-63　直径小于等于 110mm PE
管道法兰连接

法兰接头和钢制法兰盘）连接（图 6-63）。

C. 对于直径大于 110mm 的管材也可用法兰形式连接，但连接方式与小口径不太一样。切下已损坏了的管段，但要保证该长度可满足法兰接头安装的要求。将法兰接头和现有管材熔接到一起后，测量两个法兰接头内部的距离，参照管材生产商提供的熔接步骤，连接另两个法兰的法兰接头与一段和现有管材同样外径、SDR 和性能的管材，从而在与现有管材相连的两个法兰接头之间形成一个相匹配的装配件，参照生产商的要求，对中后拧螺栓，把装配件与现有管材连接在一起（图 6-64）。

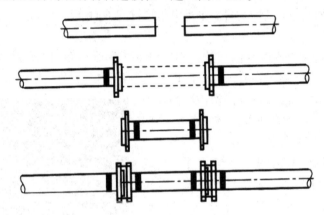

图 6-64　直径大于 110mm PE 管道法兰连接

D. 电熔连接即电熔套筒通电熔接，目前电熔套筒的生产规格为直径小于 250mm，而且价格不菲，这种连接对施工环境的要求比较苛刻，给水管道的抢修过程中必须将管内积水排空，一般常用于燃气管道的抢修，当管材直径大于 250mm 或管材不圆时，要求在离损坏处较远的部位使用回圆器，这将有助于管材的刮削和电熔套管的安装。

④ 阀门漏损案例以及修复方法

A. 阀门关闭不严、漏水

a. 阀体下槽有异物，有锈——拆开清除异物，或往返启闭阀门将异物或锈磨掉。

b. 密封面磨损——重新加工、修理密封面。

c. 阀杆方头磨圆打滑——重新更换方头，并要使方头尺寸与阀门钥匙尺寸相符。

B. 阀杆压兰处跑水

a. 压兰未压紧——均匀拧紧盘根螺栓，将其填料压紧。

b. 压兰下填料不足——拆开压兰，增加盘根绳，均匀压紧。

c. 填料老化过时失效——拆开压兰，把旧填料掏出，更换新盘根填料。

d. 盘根螺栓锈蚀，丝母滑扣——更换新盘根螺栓。

C. 法兰连接密封面渗水

a. 法兰连接螺栓不紧或松紧不匀——将螺栓均匀对称地紧固。

b. 法兰胶垫破裂或过时失效——更换新橡胶胶垫。

c. 热胀冷缩造成胶垫处漏水——尤其大口径阀应增装柔口。

d. 法兰盘断裂——视其阀门或零件分别更换处理。

D. 传动开关不灵活或开关不动

a. 盘根填料过紧——适当放松填料压兰，如填料为橡胶圈时应掏出更换油浸盘根绳。

b. 阀杆弯曲——修复调直，如修复调直不理想，最好更换阀杆。

c. 阀杆螺母过紧或丝扣磨损——更换合适的螺母。

d. 阀杆和螺母积锈过多——拆开除锈，使其灵活再装配。

E. 阀杆转动不到头

a. 阀杆折断——更换新阀杆及螺母一套。

b. 阀杆和螺母磨损滑扣——更换阀杆及螺母。

c. 阀杆方头与疙瘩头内方滑动——更换方头或将阀杆锉方。

d. 阀门接杆脱节——重新接牢或去掉接杆。

e. 阀板提肩折断——因阀板不易更换，最好更换新阀门。

6）消火栓管漏损案例以及修复预案

① 消火栓缺少大、小口帽——加装大、小口帽。

② 消火栓无法启闭。

A. 消火栓锈蚀，无法开启——使用加力杆套在消火栓扳手上进行启闭，如锈蚀严重无法开启，需要更换消火栓。

B. 消火栓内部传动结构损坏，无法关闭——更换消火栓。

C. 消火栓双平断裂——更换消火栓双平。

（2）管道及附属设施的日常维护

1）过河过桥管的日常维护工作

过河过桥管的日常维护内容包括：

① 过河过桥管道外壁及其金属管梁、管托的防腐、防锈处理。

② 泄气设施保温层更换或加装。

③ 防爬刺、警示牌的维修、更换或加装。

④ 管托支桩、支墩的日常维护。

2）阀门的日常维护工作

阀门作为管网的重要控制设备，能否启闭良好不仅要把好阀门质量关，保证阀门选型恰当、产品质量好，从源头上解决阀门应用问题，而且需要严格按规范安装、精心施工，另外还需注重阀门日常的维护、检修和保养。

阀门的维护管理很重要，尤其大口径阀门，开关扭矩大、转数多，开关阀门费时费力。一旦发生爆管，如果大阀门不能及时关闭，就会造成很大的损失。阀门的日常维护包括以下几个方面。

① 阀门技术资料的管理

阀门的技术资料包括阀门出厂说明书、阀门购进后的质量合格证、阀门的安装施工图及位置卡、阀门的检修记录等，对于街道的变迁，阀门卡片应及时更新，有条件的可以建

立地理信息管理系统。

随着供水事业的进步和发展，供水管网不断拓展，各类阀门日益增多。传统的阀门管理模式已不能满足现代化供水企业的要求。当前全球定位技术的发展为阀门位置的精细化管理提供了有利条件，完善的管理系统也得到了广泛的应用。

② 阀门日常运行的管理

阀门日常运行管理的质量要求包括阀门应关闭严密或基本严密，阀门填料不滴漏，阀门启闭轻便、指示完好。阀门日常运行的管理工作包括阀门历次启闭操作单的审批记录及操作记录，阀门定期周检的启闭记录等。对于长期没有操作过的阀门，根据口径的大小，制定相应的检测周期是必要的。对于发现的故障要制定相应的维修或更换计划，关闭后无法开启的阀门必须进行紧急处理。

一般做法是有计划地定期对阀门进行启闭，以确保阀门启闭正常。

A. 阀门定期启闭的频次

a. DN600 及以上阀门每两年启闭一次。

b. DN300～DN500 阀门每三年启闭一次。

c. DN200 及以下阀门可以视情况定期进行启闭。

B. 阀门定期启闭的具体做法

a. DN600 及以上带伞形轮的阀门，在启闭时要加油、去土。

b. 在启闭过程中，发现阀门损坏、开关不灵、指针不准，试关不严、盘根漏水等现象，应及时修理更换。

C. 阀门检查井的日常管理

阀门检查井日常管理的质量要求包括阀门井砌筑符合设计要求，井盖无损、与路面衔接完好，操作阀门的孔位准确，井内无杂物及污水。由于阀门井内易形成密闭的空间，导致缺氧，在条件许可的情况下，维修人员下井作业前要进行通风、换气等措施。大口径阀门井应考虑井内空气可长期对流的技术措施。对阀门井应定期巡视，对井盖的丢失和损坏等问题应及时处理。

3）消火栓的日常维护工作

消火栓的日常维护工作包括以下几个方面。

① 消火栓技术资料的管理

消火栓要绘制消火栓卡，要标明消火栓安装的具体地址，地貌和三角线坐标。对消火栓卡要进行统一、集中管理，确保资料准确。

② 消火栓的日常巡查工作

由巡查人员负责消火栓的日常巡查工作，发现消火栓缺件或漏水，及时上报，及时处理，发现消火栓位置不佳的，要及时上报，进行移改。发现消火栓被压占、圈进等影响使用的情况，要及时上报，由相关部门进行查处。发现消火栓破旧，需要重新刷漆出新的，及时统计上报，统一处理。

③ 消火栓的日常养护工作

A. 每年对消火栓进行刷漆出新一次，同步核查消火栓卡位置图的地名、地址、地貌，消火栓的式样，三角线坐标等数据是否变化，核查配件是否完整，核查是否有被压占、圈进等现象。

B. 每年对消火栓进行集中放水检查一次，检查消火栓的水量、水压是否正常，检查消火栓的高度、位置是否恰当等。

以上两项工作一般同时进行，工作人员必须认真填写消火栓的核查记录，发现问题的，要及时进行报修、处理。

遇到重大活动时，要提前对周边的消火栓进行突击检查，确保消火栓工作正常。

七、管道工程竣工验收

（一）供水管道验收项目及内容

供水管道工程验收是检验工程质量必不可少的程序，也是保证工程质量的重要措施。

1. 供水管道工程验收的工作内容

供水管道工程验收包括中间验收和竣工验收两个部分。

（1）供水管道工程的中间验收内容与竣工验收内容大致相同。

（2）供水管道工程竣工验收主要包括以下工作内容：

1）水压试验验收。

2）消毒与冲洗验收。

3）竣工图纸的验收、阀门及消火栓三线图卡的验收。

4）现场消火栓的验收。

5）现场阀门的验收。

6）现场井室、阀门井盖的验收。

7）现场管线及附属设施压占情况的验收。

8）现场工程竣工移交条件的验收。

2. 组织工程验收人员

在供水管道验收前，要组织好专门的验收人员。

（1）工程验收人员应该包括建设单位、施工单位，设计单位、监理单位以及管线的接收单位相关人员，各组员应能担负起各单位应承担的责任与义务。

（2）专业验收人员应具备专业基本理论知识，熟悉有关设计、施工及验收规范。

3. 竣工验收文件

在供水管道工程的竣工验收阶段，应收集和准备相关验收文件。

（1）工程立项报告、批复或工作联系委托单。

（2）工程承包合同或协议。

（3）工程开工报告。

（4）建设工程规划许可证。

（5）设计图纸。

（6）隐蔽工程验收记录。

（7）主要材料和制品的合格证或试验记录。

（8）管道水压试验合格单、水质化验报告。

（9）工程监理报告。

（10）工程决算报告。

（11）管道工程竣工图、阀门三线图卡及消火栓三线图卡。

（12）变更通知书或技术修改通知单。

（13）其他资料。

4. 验收工作的几个关键节点

（1）进行水压试验前，必须确保材料质量验收、隐蔽工程验收合格。

（2）并网通水前，必须确保水压试验验收、冲洗消毒验收合格。

（3）签发《验收合格证明书》前，必须确保验收资料完整，竣工图纸、阀门及消火柱三线图卡准确。

供水管道工程竣工验收合格后，相关验收部门联合开具《验收合格证明书》。纸质验收资料进行建档、归档，工程竣工图纸录入 GIS 管网管理系统。

（二）供水管道验收标准

1. 阀门的验收标准

（1）阀门报验资料的验收

阀门报验时，要提交填写完整的阀门卡片。阀门卡片要求绘制阀门位置示意图及填写完整的阀门属性信息。阀门位置示意图是标识阀门具体位置的一种平面示意图，主要绘制阀门在管道上的大致位置，阀门周边的其他供水附属设施（阀门、消火栓），阀门周边的道路、建筑物、杆线、井室情况，并记录阀门与周边至少三个不同方向的固定参照物的距离。

（2）阀门位置示意图

1）绘制阀门周边的建筑物、道路、电杆、检查井（包括雨水井、电信井、煤气井等）并标注。

2）绘制相关供水管线、阀门、排气阀、泄水阀、消火栓、盖板等并标注。

3）绘制阀门与周边至少三个不同方向的固定参照物的连线并标注距离。

4）尽量保证阀门卡上的方向为上北下南，并绘制指北针。

5）位置示意图绝对尺寸不做比例要求，但相对尺寸和相对位置必须准确。

6）位置示意图的标注字体尽量统一大小和格式。

（3）阀门的现场验收

1）阀门卡位置图的地名、地址、地貌、三角线坐标要求准确。

2）阀门确保可以正常启闭，除泄水阀门和必须要求关闭的阀门外，其余阀门保证为开启的状态。

3）排气阀确保安装在管线中的合理位置。

4）泄水阀确保通雨水井或者通河道。

5）检查井井室的砌筑符合规范并保持井室内整洁，井内应勾缝或粉刷，立式闸阀应露出上壳，蝶阀应露出涡轮箱，不得漏水。

6）应使用规定的统一规格的管闸箱，所有管闸箱应处于方便开关的状态（无违章建筑或其他覆盖物占压)。

(4)管闸箱安装的验收标准

1)井盖应符合道路管理部门的相关规定。

2)井框与路面高差在±15mm之内。

3)井盖与井框高差在+5mm，−10mm之内。

4)盖框间隙小于8mm。

5)车辆经过时，井盖不能出现跳动和声响。

6)确保井边路面结构无碎裂情况。

2. 消火栓的验收标准

(1)消火栓报验资料的验收

消火栓验收的报验资料要求参照阀门验收的报验资料要求执行。

(2)消火栓的现场验收

1)消火栓位置图的地名、地址、地貌、三角线坐标要求准确。

2)消火栓要求可以正常开关、配件完整、确保有水。

3)消火栓安装位置要求合理，便于取水。地上式消火栓可安装在街道的十字路口区，在保证醒目又不影响行人、行车的位置上，同时考虑维护和日常排水方便，如人行道街沿上、雨水排泄口旁、人行道树侧。不得设置在盲道、道路中间等影响交通的位置，也不得设置在容易被车辆撞击的位置。

4)埋设标准：地上式消火栓顶端距路面距离550mm左右，上下误差不超出50mm。地下式消火栓的顶部出水口与消防井盖底面的距离不得大于400mm，井内应有足够的操作空间。

(三)室外给水管道验收标准

1. 室外给水管道竣工图的验收

(1)编制各种竣工图必须在施工过程中(不能在施工后)进行，及时做好隐蔽工程检查记录，整理好设计变更文件，修改好施工图，确保竣工图质量。编制竣工图的形式，要根据不同情况区别对待。

(2)凡按图施工没有变动过的，由施工单位在原施工图上加盖"竣工图章"后，即可作为竣工图。

(3)凡施工图结构、工艺、平面布置等有较大改变的，应重新绘制竣工图，施工单位负责在新图上加盖"竣工图"章，并附有关记录和说明，作为竣工图。

(4)各种管线竣工图的编制，必须注明与地上永久性建筑物的相对位置尺寸或坐标数据。竣工图应包括合适比例的平面图和纵剖面图、索引图及竣工说明。

1)平面图应包含正确的地物、地貌、指北针，标明管线的起止点、转角点、交叉点、径、长度以及管材和阀门井、消火栓等主要设施的相对位置或坐标数据及型号。

2)剖面图应标明地面、管顶标高、管径、坡度、桩号以及与其他管线相互交叉的位置数据。

3)索引图应标明工程的起止点。

4）竣工说明应注明该项工程的新建、拆除管线和设备数量、材质、型号。

（5）"竣工图"章的基本内容应包括："竣工图"字样、施工单位、编制人、审核人、技术负责人、编制日期、监理单位、现场监理、总监，"竣工图"章的样式见表7-1。

"竣工图"章的样式 表 7-1

竣工图			
施工单位			
编制人		审核人	
技术负责人		编制日期	
监理单位			
总监		现场监理	

2. 室外给水管道的现场验收

（1）复核竣工图纸绘制的管线位置是否准确。可以根据沟槽回填的痕迹进行判断，也可以根据现场阀门井的位置进行判断，有条件的可以根据管道施工时采集的 GPS 坐标图进行复核。

（2）复核竣工图纸绘制的阀门、消火栓的数量是否正确，位置是否准确。

（3）室外明装管道要检查防腐、保温的实施情况，有需要的地方要安装防爬刺和警示牌。

（4）管道上方应设置管道标识。

（5）管道不允许被压占或者圈进。

（四）建筑室内给水管道验收标准

1. 建筑室内给水管道工程竣工图的验收

建筑室内给水管道工程竣工图一般包括平面图、系统轴测图、详图，以及设计说明和设备材料表等，必要时还需绘制剖面图。

（1）图纸目录

图纸目录用于说明该套图纸的数量、规格、顺序等，置于整套图纸的最前面。

（2）建筑给水工程施工竣工总说明

用文字、表格等形式表达有关的给水工程设计、施工的技术内容，是整个建筑室内给水工程施工、设计的指导性文件。它说明了该工程的基本情况，如给水工程系统的设计依据、设计规范、设计内容，给水工程系统采用何种管材、管道的连接方式，施工、试压的要求与注意事项，管道的防腐、防结露，保温措施等。

（3）设备、材料表

以表格的形式列出整个给水工程所用的主要设备、配件、附件、材料的数量、型号、规格等信息。

（4）给水工程平面图

建筑室内给水工程平面图是在建筑平面图的基础上绘制的，一般建筑平面图只需要画出与管道布置和用水设备有关的部位。底层平面图中需要画出给水引入管，所以必须单独绘制。如其余各楼层的用水设备和管道布置完全相同时，可以只画出一个平面图（标准层平面）。对给水方式和管道布置不同的楼层，则需要分别画出平面图，平面图的比例一般与建筑平面图相同，也可以根据需要放大。

（5）系统轴测图

给水工程系统图主要标明管道系统的立体走向，可采用与平面图相同的比例，如果配水设备较为密集和复杂时，也可以将局部放大比例绘制。

（6）详图

详图也叫大样。原则上，从平面图中看不清楚或需要专门表达的地方都需要画详图，主要是管道节点、水表、消火栓、穿墙套管、管道支架等的安装图，多数可以从标准图集中查到。

2. 建筑室内给水管道的现场验收

（1）复核竣工图纸绘制的管线位置是否准确，为区分不同压力的给水管道，要求在管道上进行标注，并标明水流方向。

（2）复核竣工图纸绘制的阀门数量是否正确、位置是否准确。

（3）要检查管道保温的实施情况。

（4）管道安装时，不得有轴向扭曲。

（5）管道穿墙或穿楼板时，不宜强制校正。

（6）管道穿越楼板时，套管应高出地面 50mm，并有防水措施。

（7）管道穿墙时，可预留洞口，洞口尺寸较管道外径大于 50mm。

（8）检查管道的连接、管卡、托架的安装情况。

第三篇 管理概述

八、质量管理

（一）质 量 管 理

质量管理体系包括组织识别目标以及确定实现预期结果所需过程和资源的活动。质量管理体系管理为有关的相关方提供价值并实现结果所需的相互作用的过程和资源。质量管理体系能够使最高管理者通过考虑其决策的长期和短期后果而充分利用资源。质量管理体系给出了识别在提供产品和服务方面处理预期和非预期后果所采取措施的方法。

（二）工程质量控制的方法

1. 质量控制采取以事前控制（预防）为主的方法

按大纲的要求对施工过程进行检查，及时纠正违规操作，消除质量隐患，跟踪质量问题，验证纠正效果。用必要的检查、测量、试验手段验证施工质量。对工程的关键工序和重点部位的施工过程进行旁站监理。要求承建单位执行材料试验制度和设备检验制度，禁止在工程中使用不合格材料、构配件和设备。严格要求承建单位执行工序质量验收签认制，本工序未经验收不得施工下一道工序。严格执行现场见证取样和送检制度。必要时建议撤换承建单位不称职工作人员。

（1）审查主要分部（分项）工程施工方案。根据实际情况规定某些主要分部（分项）工程施工前，要求承建单位将施工工艺、原材料使用、劳动力配置、质量保证措施等情况编写专项施工方案，填写《施工组织设计（施工方案）报审表》，报监理人。要求承建单位将季节性的施工方案（冬期施工、雨期施工等），提前填写《施工组织设计（施工方案）报审表》，报监理人。上述方案经监理工程师审定后，由总监理工程师签发审定结论。上述方案未经批准，该分部（分项）工程不得施工。

（2）签认材料报验单。要求承建单位按有关规定对主要原材料进行试验，并将试验结果及材料准用证、出厂质量证明等资料和《材料/构配件/设备报验单》报监理人签认。核查新材料、新产品鉴定证明及确认文件。抽样试验进场材料，必要时会同业主到材料生产厂家进行实地考察。审查混凝土、砌筑砂浆《配合比申请单》和《配合比通知单》，签字认可。

（3）签认《构配件/设备报验单》。要求承建单位提供供货单位的构配件和设备生产厂家的资质证明及产品合格证明，提供进口材料和设备商检证明，并按规定进行复检。参与对加工订货厂家的考察、评审，并参与订货合同的拟订和签约工作。要求承建单位对进场的构配件和设备进行检验、测试，判断合格后，填写《材料/构配件/设备报验单》，并报监理人。进行现场检验，并签字认可审查结论。

（4）检查进场的主要施工设备。要求承建单位主要施工设备进场并调试合格后，填写《月工、料、机动态表》报送监理人。审查施工现场主要设备的规格、型号是否符合施工组织设计的要求。要求承建单位对需要定期检查的设备（仪器、磅秤等）提供检查证明。

（5）核查承建单位的质量保证和质量管理体系。核查承建单位的企业资质、机构设置、施工管理人员配备、职责与分工的落实情况。检查督促各级专职质量检查人员的配备情况。查验各级管理人员及专业操作（特殊工种）人员的持证情况。检查承建单位的质量管理制度是否健全。

（6）查验承建单位的测量放线。查验施工控制网（平面坐标和高程）。

2. 施工过程中的质量控制

（1）巡视检查和旁站。有目的的巡视检查施工现场，及时指出并责令纠正在巡视过程中发现不符合要求的施工问题。旁站监理施工过程中的关键工序、特殊工序、重点部位和关键控制点。

（2）核查工程预检。首先要求承建单位填写《预检工程检查记录单》报送监理人检查。现场对《预检工程检查记录单》的内容进行抽查。对不合格的分项工程，通知承建单位整改，并跟踪复查，合格后准予进行下一道工序。

（3）验收隐蔽工程。要求承建单位按有关规定对隐蔽工程先进行自检，自检合格后将《隐蔽工程检查记录》报送监理人。对《隐蔽工程检查记录》的内容进行现场检测、核查。对隐蔽检查不合格的工程，签发《不合格工程项目通知》，要求承建单位整改，自检合格后报监理人复查。对隐蔽工程检查合格的工程，签认《隐蔽工程检查记录》，并准予承建单位进行下一道工序。

（4）分项工程验收。要求承建单位在一个分段分项工程完成并自检合格后，填写《分项/分部工程质量报验认可单》报送监理人。审查承建单位的报验资料，并到施工现场进行抽检、复查。签认符合要求的分项工程，并确认其质量等级。对不符合要求的分项工程，签发《不合格工程项目通知》，并要求承建单位进行整改。按有关质量评定标准进行再评定和签认经返工或返修的分项工程。机电设备安装、仪表与自动控制等工程的分项工程签认，必须在施工试验、检测完备、合格后进行。

（5）分部工程验收。要求承建单位在分部工程完成后，根据监理工程师签认的分项工程质量评定结果进行分部工程的质量等级汇总评定，填写《分项/分部工程质量报验认可单》，并附《分部工程质量检验评定表》报送监理部签认。基础/主体工程验收：单位工程的基础分部已完成，进入主体结构施工时，或主体结构完成，进入装修前进行基础及主体工程验收，要求承建单位填写《基础/主体工程验收记录》申报。由总监理工程师组织甲方单位、承建单位和设计单位共同核查承建单位的施工技术资料，并进行现场质量验收，由各方协商验收意见，在《基础/主体工程验收记录》上签字认可。

3. 工程完工验收阶段的质量控制

（1）当工程达到交验条件时，组织各专业工程师对各专业工程的质量情况、使用功能进行全面检查，对发现影响完工验收的问题签发《监理通知》，要求承建单位进行整改。

（2）督促承建单位及时对需要进行功能试验的项目进行试验，并对重要项目亲临现场监督，并将实验结果报送监理人审阅，必要时邀请甲方单位和设计单位派代表参加。

（3）总监理工程师组织完工验收。承建单位在工程项目自检合格达到完工验收条件时，填写《单位工程验收记录》，并将全部竣工资料报送监理人，申请完工验收。总监理工程师组织监理人员对质量保证资料进行核查，并督促承建单位加以完善。总监理工程师组织业主、设计单位、承建单位共同对工程进行检验验收。如验收结果需要做局部进行整改的，整改后再重新报验，直至符合有关质量标准要求。验收结果符合合同要求后，由业主、监理、设计、承建单位四方在《单位工程验收记录》上签字，并认定质量等级。完工验收完成后，由总监理工程师和业主代表共同签署《工程移交证书》，并由业主、监理人盖章后，送承建单位一份。

九、市政公用工程施工招标 投标管理程序

（一）工程施工招标条件

1. 基本条件

（1）总承包企业以专业工程形式发包工程施工项目，必须是总承包合同规定的工程施工项目。不允许将主体结构或关键项目分包施工。

（2）分包合同造价一般应在100万元以上。劳务分包应在50万元以上。且应进行公开招标方式并将分包合同送当地建设主管部门备案。

（3）应严格控制招标人指定或限定主要材料和设备价格，规范招标行为。

（4）招标文件不得对潜在投标人或投标人提出不合理要求，不得强制要求潜在投标人或投标人的法定代表人到场。

（5）采用建设主管部门编制或认可的市政公用工程《施工招标文件范本》，招标文件编制人可结合工程项目特点对示范文本中的有关条款进行调整。

2. 投标人资格审查

（1）公开招标的工程施工项目分包应实行资格预审，且采用经评审的最低投标价法评标。

邀请投标时，投标人的数量不应少于3家。

（2）实行资格预审时，应明确合格申请人的条件、资格预审的评审标准和评审方法、合格申请人过多时将采用的选择方法和拟邀请参加投标的合格申请人数量等内容。

（3）实行资格后审时，应明确合格投标人的条件、资格后审的评审标准和评审办法。

（4）应注重对拟选派的项目经理（建造师）的劳动合同关系、参加社会保险、正在施工和正在承建的工程项目等方面的审查，要严格执行一个项目经理只宜担任一个施工项目的管理要求，当其负责管理的施工项目竣工后（以竣工验收单为准），方可参加其他工程项目的管理。

（5）投标资格审查条件应注重投标人的同类项目施工经验、近三年业绩及履约情况。

（二）工程施工项目招标程序

1. 招标文件编制程序

（1）依据总承包工程合同和有关规定，确定分包项目划分、分包模式、合同的形式、计价模式及材料（设备）的供应方式，是编制招标文件的基础。

（2）计算工程量和相应工程量费用

依据工程设计图纸、市场价格、相关定额及计价方法进行工程量及相应工程量费用计算。

（3）确定开、竣工日期

根据项目总工期的需求和工程实施总计划、各项目、各阶段的衔接要求，确定各分包项目的起始时间。

（4）确定工程的技术要求和质量标准

根据对工程技术、设计要求及有关规范的要求，确定分包项目执行的规范标准和质量验收标准，满足总承包方对分包项目提出的特殊要求。

（5）拟订合同主要条款

一般施工合同均分为通用条款、专用条款和协议书三部分，招标文件应对专用条款中的主要内容做出实质性规定，使投标方能够做出正确的响应。

（6）确定招标工作日程

按照有关规定，合理制定发标、投标、开标、评标、定标日期。发标和投标时间间隔根据需要制定。最短时间间隔不得少于《招标投标法》规定的 20 天。

（7）分包项目招标文件的编制要求

招标文件要求内容完整、用词规范，充分表达招标方的意愿和要求，使投标方能够对招标文件做出相应正确的响应。

2. 发布招标公告

（1）通常采取在媒体、行业或当地政府规定的招标信息网上发布招标公告。

（2）发售标书。

（3）组织或要求投标人自行踏勘现场。

（4）澄清招标文件和答疑。

（5）开标。由投标方工作人员当众拆封投标文件，宣读投标人姓名、投标价格。

3. 投标

（1）投标报名

按照采购文件通知要求报名，递交资料，缴纳投标报名费用、投标保证金等，获取保证金递交函。

（2）投标文件制作

按照采购文件通知要求制作投标文件并按规定密封签章。投标文件应当对招标文件提出的"实质性"要求和条件做出响应。投标文件一般分为商务文件、资信文件、技术文件、报价文件等部分。

（3）开标

投标人代表按照采购文件通知要求前去开标。

（4）中标

中标后领取中标通知书，签订合同，缴纳履约保证金、质量保证金等。

4. 评标与评标程序

（1）评标专家的选择应在评标专家库，采用计算机随机抽取并采取严格的保密措施和回避制度，以保证评委产生的随机性、公正性、保密性。评标委员会中招标人的代表应当具备评标专家的相应条件，工程项目主管部门人员和行政监督部门人员不得作为专家和评标委员会的成员参与评标。

（2）招标人应根据工程项目的复杂程度、工程造价、投标人数量，合理确定评标时间，以保证评标质量。应按照评审时间、评委的技术职称、工作职责等，合理确定评标专家评审费用。

（3）应采用综合评估的方法，但不能任意提高技术部分的评分比重，一般技术部分的分值权重不得高于 40％，报价和商务部分的分值权重不得少于 60％。

（4）所有的评标标准和方法必须在招标文件中详细载明，要求表达清晰、含义明确，以最大程度削减评标专家的自由裁量权，杜绝人为因素。

（5）在量化评分中，评标专家只有发现问题才可扣分，并书面写明扣分原因。对于评委评分明显偏高或偏低的，可要求该评委当面说明原因。

（6）对于技术较为复杂工程项目的技术标书，应当暗标制作、暗标评审。

（7）依据评分，评标委员会推荐出中标单位排名顺序。

5. 定标原则与方法

（1）评标委员会推荐出中标单位排名顺序，应选择排名第一的中标候选人为中标人。如排名第一的中标候选人放弃其中标资格或未遵循招标文件要求被取消其中标资格，应由排名第二的中标候选人为中标人，以此类推。

（2）如果出现前三名中标候选人均放弃其中标资格或未遵循招标文件要求被取消其中标资格，招标人应重新组织招标。

6. 合同授予

（1）招标人应在接到评标委员会的书面评标报告后 5 日内，依据推荐结果确定综合排名第一的中标人。

（2）招标人不承诺将合同授予报价最低的投标人。

（3）招标人在发出中标通知书前，有权依据评标委员会的评标报告拒绝不合格的投标。

（4）双方签订合同文件。

（三）工程投资控制的方法

投资控制依据包括工程设计图纸、设计说明及设计变更、洽商，定额发布的材料价格及调整系数，预算定额、取费标准、工期定额等，合同的变更或协议，分部分项工程质量报验认可单。

投资控制原则包括严格执行施工合同中所确定的合同价、合同价调整方法和约定的工程款支付方法。在报验资料不全、与合同约定不符、未经质量签认合格或有违约情况发生时不予审核和计量。工程量的计算应符合有关的计算规则。处理由于设计变更、合同变更和违约索赔引起的费用增减时应坚持公正、合理的原则。对有争议的工程量计量和工程款，应采取协商的方法确定，在协商无效时，由总监理工程师做出决定。对工程量及工程款的审核应在施工合同所约定的时限内。

（四）投资控制内容与措施

1. 事前控制

编制项目施工资金使用计划。审核工程预付款保函，签认工程预付款支付凭证。审核承建单位提交的施工各阶段及各年、季、月度资金使用计划。通过风险分析，找出工程造价最易突破的部分、最易发生费用索赔的原因及部位，并制定防范对策，建立计量与支付、工程变更、价格调整、索赔报告调查与评审组织机构。建立资金需求预测及资金实际使用统计、对比分析工作与监督管理体系。

2. 事中控制

严格审核承建单位提交的计量和支付申请，签认支付凭证。严格控制计日工的使用，并做好计日工的工作情况监督。根据合同授权，严格控制工程量清单项目以外的额外支付的签认。严格控制工程单价或合同价的调整。协助业主严格控制工程设计变更。加强现场监督管理并做好监理日志和其他同期资料管理，经常分析可能的索赔潜在影响。认真组织索赔调查与索赔报告审查。努力做好反索赔工作。勤奋工作，应用科学的技能，严格审查设计图纸、技术资料及承建单位的施工技术方案，尽量减免工程损失。积极为业主提供合理化建议。公正处理合同违约及风险事件。通过对比资金使用计划与实际支出的差异，分析原因，向业主提供合理化建议或在授权范围内采取有效措施。

3. 事后控制

严格审核工程完工支付申请和最终支付审核申请。合理确定完工结算价格调整、提前完工奖金或工期延误赔偿金。严格控制保留金、履约保函退还等凭证签认。

（五）工程进度控制的方法

进度控制的主要方法是进度目标的动态管理，从事前的目标确定、分解、影响因素、风险分析、事中的协调落实、严格控制到事后的目标值偏差调查分析、采取有效措施纠正，都体现着目标动态滚动管理的内涵。

1. 事前控制

审查承建单位施工管理组织机构、人员配备、资质、业务水平是否适应工程的需要，并提出意见。编制合同项目的控制性计划。审批承建单位的施工进度计划及设备、人员计划。

进度计划审批的要点为：

（1）进度安排是否满足合同规定的开竣工日期。

（2）施工顺序的安排是否符合逻辑，是否符合施工程序的要求，其关键线路上的工程安排是否合理，程序安排是否适当。

（3）承建单位的机械设备进场计划是否符合工程计划的安排，其所配备的机械质量、能力和性能是否与当地的地形、地质、水文情况相适应，施工设备的使用状况是否完好。是否备有足够的零配件，是否考虑到工期、当地气候条件（如雨雪等影响）和可维修保养而停驶等因素，所配备的设备数量是否足以满足需要。

（4）劳力、技术人员、管理人员、机械维修人员、熟练操作工、测工和试验工的配置是否与施工计划相适应，若主要管理、技术人员与招标文件中所报人员不相符，应提出质问，并要求承建单位上报这些人员的详细资料以供审查。

（5）环境保护措施是否合理。如河流、湖泊、池塘防污，防噪声和空气污染，以及因为路堤沉降而产生的附加力影响水源、排污、灌溉等。

（6）进度安排的合理性，以防止承包商利用进度计划的安排伪造甲方单位违约，并以此向业主提出索赔。

（7）进度计划是否与其他工作计划协调。

（8）进度计划的安排是否满足连续性、均衡性的要求。

（9）各承包商的进度计划之间是否协调。

（10）承包商的进度计划是否与甲方单位的工作计划协调。

（11）建立进度控制组织机构、落实人员职责与分工。

（12）制定进度控制规章制度。

（13）制定进度控制工作程序，编制进度控制报表格式。

2. 事中控制

进行计划进度与实际进度动态对比，资源管理、进度分析与预测和进度计划修正。在施工过程中，监督承建单位按照批准的施工技术措施和施工进度计划，做好施工准备，合理安排资源投入，保证安全生产和均衡生产。

在合同实施过程中，监理工程师应随时监督、检查和分析承包商的施工日志，其中包括了日进度报表和作业状况表。报表的形式可由监理工程师提供或承包商提供监理工程师同意后实施。施工对象的不同，报表的内容有所区别，通常包括下列内容：

（1）项目名称。

（2）施工活动名称。

（3）承包商名称。

（4）监理单位名称。

（5）当日水文、气象记录。

（6）工作进展描述。

（7）工程进度完成数量。

（8）劳动力使用情况。

（9）材料消耗情况。

（10）设备使用情况。

如果承建单位提出对批准的施工进度计划进行实质性修改，承建单位须在修改计划实施前14天提出修改的详细说明，报送监理部批准。

由于承建单位的责任或原因，施工进度发生拖延，致使工程进展可能影响到合同工期目标的按期实现，监理方应按照施工承包合同规定发出通知，要求承建单位提出赶工措施。承建单位提出的赶工措施必须在得到监理部同意后方可实施。

由于某种原因可能导致影响工程的质量或安全而需要暂停施工的情况下，监理部应及时通知业主，得到业主同意后，发出工程暂停施工指令。

在紧急情况下，监理部不得不立即发出暂停施工指令而不能立即得到业主的同意的，监理方应在发出暂停施工指令后尽快通知业主。

在停工影响因素排除后，应及时发出复工指示。

监理部应在监理周报、监理月报中向业主报告施工进展情况。

3. 事后控制

根据合同授权，确认承建单位的实际完工时间和有权延长的工期。

如承建单位提前完工，应根据施工承包合同的规定确认业主应予以奖励的款额。

如由于承建单位原因造成工期拖后，应根据施工承包合同的规定确认承建单位应承担的工程延期赔偿金。

（六）工程信息管理方法

1. 信息的控制

（1）监理部设立专职信息工程师，制定《监理部文件和信息管理制度》，并做好收集、分类、存储、传递、反馈等工作。

（2）信息管理软件，采用 P6、EXP 软件。

（3）建立工程项目在质量、进度、投资、安全、合同等方面的信息和管理网络，在施工管理团队和设计、施工、设备、调试等单位的配合下，收集、发送和反馈工程信息，形成信息共享。

2. 信息的收集

（1）工程项目建设前期信息的收集。

（2）收集建设单位提供的信息。

（3）收集施工单位提供的信息。

（4）项目建设监理记录。

（5）收集工地会议信息。

（6）工程竣工阶段信息的收集。

3. 信息分类、整理、存储

（1）监理信息静态库分类、存储。

（2）监理信息动态库分类、存储。

4. 信息化施工管理

（1）监理工程师是远程监控的第一责任人，在职责范围内，协助招标单位负责组建现场远程监控管理体系，并组织有关单位编制现场远程监控方案。远程监控系统（数据和视频）的安装作为开工验收条件的必查项目，由监理单位负责督促并落实安装工作，开工验收前必须做到远程监控系统的数据系统具备上传条件，视频系统安装完毕，形成参建工程名录（包括企业名称、负责人姓名、项目负责人姓名及联系方式）并上报远程监控分中心。

（2）工程进行中，监理工程师应在每天规定时间之前输入工程进度并上传。

（3）监理工程师在有工程指令发出后，及时记录整理发出的工程指令内容并上传。

（4）监理工程师在有工程会议时，及时记录整理工程会议内容并上传。

（5）监理工程师应每月输入监理月报并上传。

（6）监理工程师应加强数据上传工作的管理，负责监督监测单位、承包商的数据上传工作，确保其及时性和准确性，将所存在的问题及时反馈给相关单位，并要求及时整改，同时将每天的情况写入监理日记。对不及时上传数据的单位应指出，责令改正。

（7）数据输入后，监理工程师应督促检查数据的正确性，确保不上传无用或错误数据。

（8）监理单位负责对监测数据进行分析，发现问题及时通报。如果计算机出现远程监控管理系统软件以外的故障，由监理工程师组织相关单位自行解决，采用其他补救方式，确保数据上传。

（七）合 同 管 理 方 法

监理单位合同管理的内容：协助招标单位与承建单位签订相关合同。督促施工合同的履行，主持协商施工合同条款的变更。协助委托方处理有关索赔事宜，并处理合同纠纷。进行施工合同的跟踪管理并定期提供合同管理的各种报告。

监理工程师在合同执行过程中必须始终注意处理好合同各方的关系，维护各方的权益和减少项目的风险。合同管理的主要任务是要求监理工程师从监理目标控制角度出发，依据有关政策、法律、规章、技术标准和合同条款处理合同问题。

1. 协助建设单位确定本工程承包商的合同结构，参与合同谈判工作。

2. 监理单位建立合同管理档案，记录执行情况，建立合同管理体系。

3. 严格控制合同的分包，严禁合同倒手转包及再分包。

4. 质量控制应按合同规定的标准对其工程技术、设备材料及其形式质量的过程进行全程性的监督和强制性的贯彻。

5. 进度控制是在保证工程质量的基础上进行，正确处理赶工、暂停等问题。

6. 投资控制按合同规定的价款进行监理的总目标控制，合理、公正处理价款调整、预付款、进度款等。对索赔处理，必须收集和获取凭证，凭证必须真实、客观、依据合同条款进行处理，当合同存在缺陷时，应及时提出，由合同双方解决。

7. 对合同要进行跟踪管理，预测合同风险，及时协调处理。

8. 合同中的档案，监理单位进行分类，实行动态管理。

参 考 文 献

[1] 水利部水文局. 水力学基础[M]. 北京：中国水利水电出版社，2003.

[2] 景思睿，张鸣远. 流体力学[M]. 西安：西安交通大学出版社，2001.

[3] 常颖，吴强. 净水工艺[M]. 广州：华南理工大学出版社，2014.

[4] 魏媛媛. 柔性接口给水管道支墩论述[J]. 山西建筑，2012，38(33)：146-147.

[5] 王耀文. 大口径钢质给水管道的防腐层选择与应用[C]. 城镇供水管道施工与养护技术研讨会论文集，2002：109-120.

[6] 徐瑞珺. 埋地柔性给水管道支墩受力计算的步骤和方法[J]. 科技创新导报，2017，14(18)：60-62.